U0185168

**国家科学技术学术著作
出版基金资助出版**

机械工程前沿著作系列 **HEP MEF**
HEP Series in Mechanical Engineering Frontiers

先进制造科学与技术丛书

集成电路先进封装工艺
——Cu-Cu 键合技术

Advanced Packaging Process for Integrated Circuits
——Cu-Cu Bonding Technology

JICHENG DIANLU
XIANJIN FENGZHUANG
GONGYI

史铁林　李俊杰　汤自荣　廖广兰　著

高等教育出版社·北京

内容简介

  微电子封装中的互连键合是集成电路（integrated circuit，IC）后道制造中最为关键和难度最大的环节，直接影响集成电路本身的电性能、光性能和热性能等物理性能，很大程度上也决定了 IC 产品的小型化、功能化、可靠性和生产成本。然而，随着封装密度的增加以及器件功率的增大，Cu 凸点面临尺寸大幅减小并且互连载流量大幅增加等问题，产业界成熟的 Cu-Cu 键合方法已很难适应高密度封装的快速发展，研发更为先进的 Cu-Cu 键合技术并推向产业化是当前迫在眉睫的需求。

  针对电子封装行业中所面临的技术需求，本书系统介绍了国内外 Cu-Cu 键合技术的研究现状，并结合作者及课题组全体研究人员长期在微电子封装领域的研究积累，梳理了基于表面活化的 Cu-Cu 键合、基于金属纳米焊料的 Cu-Cu 键合、基于自蔓延反应的 Cu-Cu 键合以及先进键合技术在 Cu 凸点互连中的应用等多个热点研究内容，并在实验方法、工艺优化、理论研究等多个方面进行了深入探讨。

  本书全面、深入地介绍了集成电路封装中先进的 Cu-Cu 键合技术和最新的研究进展，可供高年级本科生、研究生以及从事集成电路封装与互连／键合工艺研究的技术人员参考和阅读。

图书在版编目（CIP）数据

集成电路先进封装工艺：Cu-Cu 键合技术／史铁林等著．-- 北京：高等教育出版社，2022.3
  ISBN 978-7-04-057636-8

  Ⅰ. ①集…　Ⅱ. ①史…　Ⅲ. ①集成电路－封装工艺　Ⅳ. ① TN405

中国版本图书馆 CIP 数据核字（2022）第 019799 号

策划编辑	刘占伟	责任编辑	刘占伟	封面设计	杨立新	版式设计	杜微言
插图绘制	于 博	责任校对	刁丽丽	责任印制	刘思涵		

出版发行	高等教育出版社	咨询电话	400-810-0598
社　　址	北京市西城区德外大街4号	网　　址	http://www.hep.edu.cn
邮政编码	100120		http://www.hep.com.cn
印　　刷	北京汇林印务有限公司	网上订购	http://www.hepmall.com.cn
			http://www.hepmall.com
开　　本	787mm×1092mm 1/16		http://www.hepmall.cn
印　　张	12.25	版　　次	2022 年 3 月第 1 版
字　　数	240 千字	印　　次	2022 年 3 月第 1 次印刷
购书热线	010-58581118	定　　价	109.00 元

本书如有缺页、倒页、脱页等质量问题，请到所购图书销售部门联系调换
版权所有　侵权必究
物 料 号　57636-00

前　言

近年来, 集成电路 (integrated circuit, IC) 的发展已被推向了国家科技发展的战略层面。1958 年, 美国德州仪器公司成功开发出全球第一块集成电路, 标志着 IC 时代的开始。1965 年, 因特尔公司创始人之一 Gordon E. Moore 提出了著名的摩尔定律 (Moore's law), 指出集成电路上可容纳的元器件的数目约每隔 18~24 个月便会增加一倍, 性能也随之提升一倍。此后, IC 产业一直遵循摩尔定律所预测的发展规律, 并延续至今。过去的几十年里, 半导体制造工艺得到了飞跃性的发展, 集成电路芯片的特征尺寸不断减小, 复杂程度不断增加, 然而 IC 制造与封装的进一步发展面临巨大挑战。

Cu-Cu 键合是三维集成电路 (3D-IC) 后端封装工艺中极为重要的环节。为了克服摩尔定律在半导体行业高速发展过程中所遇到的瓶颈, 3D-IC 对封装工艺中的凸点密度、能量消耗、封装性能等都提出了更高的要求。现代 IC 封装中, Cu 凸点是每一片晶圆上大规模集成电路信号输入与输出的端口, 因此堆叠芯片间的 Cu 凸点互连键合质量的好坏是 IC 芯片整体机械强度、信号传输质量、电导及热导性能的关键所在。现阶段, 在 IC 制造工业中, 芯片间 Cu-Cu 互连键合都是基于 Sn 或者 SnAgCu 无铅 (SAC lead-free) 焊料实现的。Cu-Cu 键合中的 Sn 焊点 (Sn 帽) 由电镀及回流工艺获得。Sn 焊点形成后, 再通过倒装焊接工艺, 实现芯片间低温互连键合。Sn 材料的成本低廉, 工艺易控制, 因此在半导体封装行业的互连键合中得到了广泛的应用。

然而, Sn 作为互连材料在传统 Sn 基键合工艺中存在诸多弊端与可靠性问题。例如, 窄截距键合时 Sn 过度溢出, 形成短路; 服役过程中 Sn 须生长, 形成搭桥短路; 多场作用下形成克肯达尔孔洞 (Kirkendall void), 影响电路导通; 在高功率器件中存在耐热性不足的问题等。因此, 针对以上问题, 需开发更先进的互连键合工艺, 引入更可靠的高性能互连材料, 以实现封装互连技术的突破。近年来, 电子封装行业的技术人员以及科研机构的研究人员在 Cu-Cu 键合新材料与新方法方面进行了大量探索, 并获得了一系列研究成果。其中 Cu-Cu 直接键合、基于 Cu 表面处理的 Cu-Cu 键合、基于 Cu 纳米焊料的 Cu-Cu 键合、自蔓延反应放热键合等先进键合技术都是国内外的研究热点。然而, 这些研究成果大多以期刊论文、会议论文等形式发表, 缺乏系统的归纳与总结。鉴于我国集成电路制造与封装技术的快速发展形势, 及时规划并撰写一本先进封装互连技术方面的专业著作十分必要。

本书围绕集成电路封装中的 Cu-Cu 键合技术进行阐述, 共包括 5 章内容。第 1 章是对集成电路中 Cu-Cu 键合技术的概述, 主要介绍了 Cu-Cu 键合技术在微电子封装领域发展中的重要地位、现阶段所遇瓶颈以及近年来的相关研究现状。第 2 章基于金属纳米材料呈现出的低熔点与高表面活性, 提出了在键合表面进行纳米结构活化处理, 以降低 Cu-Cu 直接键合温度的方法。该章主要介绍了键合表面 Cu 纳米棒与 Cu 纳米线两种纳米结构的制备与调控技术, 并利用此纳米结构的低温烧结特性实现 Cu-Cu 热压键合。第 3 章提出了将金属纳米焊料作为互连中间介质的 Cu-Cu 键合方法。纳米焊料中的金属纳米颗粒在尺度效应的影响下, 可在较低的温度实现烧结, 从而在热压工艺下与两侧 Cu 基底产生互连, 实现低温 Cu-Cu 键合。第 4 章阐述了基于自蔓延反应放热的 Cu-Cu 键合技术研究。该章结合 Al/Ni 多层薄膜在电引燃/热引燃下的自蔓延反应放热特征, 将其作为键合中间介质的瞬时局部热源, 从而实现了超快速 Cu-Cu 键合。第 5 章针对三维高密度封装的迫切需求, 研究了硅通孔 (through silicon via, TSV) 的制备工艺与优化方法、TSV 无损高效镀 Cu 技术以及高密度凸点间键合工艺, 大幅提升了本书研究内容的实际应用价值。

本书中大部分内容是本人及研究团队在 973 项目 "20/14 nm 集成电路晶圆级三维集成制造的基础研究" 子课题 "多场作用下三维密排阵列微互连结构形成及性能调控" 的资助下完成的。在本书撰写过程中, 作者李俊杰博士在书稿内容审查、排版、校订方面付出了大量努力, 书中还包含了作者汤自荣教授、廖广兰教授以及许多课题组已毕业的博士、硕士 (包括独莉博士、范金虎博士、沈俊杰硕士、程朝亮硕士、余星硕士等) 的研究工作。没有课题组合作者的支持与共同努力, 我们不可能完成相关的科学研究与书稿撰写工作, 在此对他们表示衷心的感谢!

由于 Cu-Cu 键合技术是集成电路产业中的一项关键技术, 其发展速度快, 涉及多学科交叉, 加之作者水平和学识有限, 在取材及撰写方面难免存在不足, 敬请广大读者批评指正。

史铁林

2021 年 10 月

于华中科技大学

目　　录

第 1 章 概　述

1.1　引言

集成电路 (integrated circuit, IC) 产业的持续高速发展不断引发各领域产品变革并创造出社会新需求, 在国家安全、高端制造、网络通信等重要领域起着关键支撑作用。近年来, 在《国家集成电路产业发展推进纲要》的大力支持下, 中国半导体行业规模已得到了大幅增长。2016 年, 中国半导体市场销售额超过 620 亿美元, 同比增长 19%。全球半导体市场 2016 年销售额 3 140 亿美元, 同比增长 1.4%。无论从增幅还是市场份额占比来说, 中国半导体市场已逐渐成为全球半导体市场的核心力量 (明小满, 2017)。《国家中长期科学和技术发展规划纲要 (2006—2020)》强调的 16 个重大科技专项中就包含了 "极大规模集成电路制造装备及成套工艺" 与 "核心电子器件、高端通用芯片及基础软件", 这充分体现了我国在集成电路发展上对科技界、学术界及产业界的高标准要求 (国家自然科学基金委员会工程与材料科学部, 2010)。

集成电路封装互连是 IC 后道制造中极为关键并且难度较大的环节, 直接影响集成电路本身的电性能、光性能和热性能等物理性能, 很大程度上也决定了 IC 产品的小型化、功能化、可靠性和生产成本 (金玉丰等, 2006)。研究人员利用各种各样的封装技术来满足摩尔定律 (Moore's law), 包括降低器件特征尺寸以及使用诸如球栅阵列 (ball grid array, BGA)、芯片尺寸封装 (chip scale package, CSP)、倒装芯片 (flip-chip, FC)、多芯片模块 (multi chip module, MCM)、系统封装 (system in a package, SIP) 等先进封装技术, 以此提高功能器件的密度 (Zhong 等, 1999; Garrou, 2000; Roesch 等, 2004; Timme 等, 2013; Shan 等, 2015)。然而, 随着电子器件特征尺寸减小及芯片集成度提高, 微电子封装技术向高密度和高 I/O 引脚数发展, 传统封装技术已不能解决由互连延时和功耗增加等导致的性能降低和成本升高的问题 (Lu 等, 2009)。三维集成技术具有更高的组装密度、更强的功能、更优的性能、更小的体积、更低的功耗、更快的速度、更小的延迟等优势, 得到越来越多的重视和研究, 成为国内外近年来一种飞速发展的前沿微电子封装技术 (Lee 等, 2011)。

三维集成在二维平面基础上向立体化方向发展, 从而将不同功能的芯片集成到一个系统。由于集成电路尺寸微缩, 原有的后端封装互连方式将不能满足信号的高性能传输以及器件小尺寸多功能应用的需求。因此, 制造技术必须全面变革。采用大量密集分布的垂直互连硅通孔 (through silicon via, TSV) 和微凸点, 并最终互连集成为一个系统, 可解决三维集成系统制造的难题, 如图 1.1 所示。

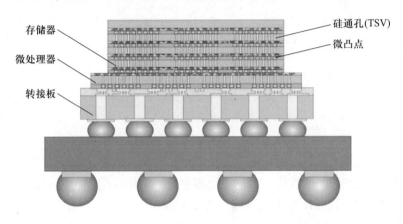

图 1.1　基于 TSV 互连的三维集成示意图

根据国际半导体技术路线图 (ITRS) 的最新预测, 三维集成制造技术将推动新一轮器件向多功能、小型化、高性价比的跃进, 未来 5 ~ 10 年在闪存、逻辑器件、数字存储、高带宽应用、传感器等方面将呈现爆炸式增长, 从而带动高端芯片的广泛应用 (黄庆红, 2014)。目前, 国际上多家大型研究机构和半导体公司针对三维集成技术进行了大量研究并提出了多种方案, 力图将更多功能集成在硅片上。例如, 三星电子研制出基于 TSV 技术的 Wide I/O 内存芯片, 增加了内存芯片与逻辑芯片之间的数据传输带宽, 相比于常规的 LPDDR2 接口其带宽要高出 3 倍; 美光科技采用 IBM 公司的 3D 芯片制程 TSV 技术, 推出了 HMC (hybrid memory cube) 新型存储器。该存储器包含高速逻辑控制器以及采用 TSV 技术和超细间距 Cu 柱互连的 DRAM。相比于 DDR3 存储器单个 HMC 的性能提升了 15 倍, 每比特所需功耗降低了 70%, 相比于 RDIMMs 其物理空间缩小了 90%。英特尔、高通、赛灵思、台积电、中芯国际等公司以及德国 IZM、新加坡 IME、比利时 IMEC 等微电子封装研究机构, 均试图在新一轮技术竞争中获得突破, 以获得未来产业发展的主导权和话语权。

三维 TSV 封装的关键技术包括通孔刻蚀成形、通孔填充、芯片减薄和芯片键合等工艺。随着集成电路技术的发展, IC 特征尺寸进入 20/14 nm 节点, 三维封装结构尺寸进一步缩小, 未来三维集成内 TSV 直径将减小至 $0.5 \sim 2.0$ μm, 间距为

$1 \sim 4 \ \mu m$, 芯片厚度将减薄至几十微米。小孔径、高深宽比、超细间距已逐渐成为三维 TSV 封装的主流趋势。芯片键合是实现三维 TSV 封装的关键工艺之一, 微凸点的键合是不同芯片层连接的桥梁。3D 封装中不同层之间的堆叠需要保证层与层之间的电连接、机械强度、热匹配, 未来高密度微凸点将密集分布于三维层叠结构内, 给高密度微凸点阵列的制备, 微凸点的一致性、多层对准、键合工艺的研发, 以及服役环境下的可靠性等提出了巨大的挑战, 键合技术的需求和发展也愈加紧迫。

1.2 集成电路封装中的键合技术

Cu 凸点间键合是三维集成电路 (3D‑IC) 后端封装工艺中极为重要的环节。为了克服摩尔定律在半导体行业高速发展过程中所遇到的瓶颈, 3D‑IC 对封装工艺中的凸点密度、能量消耗、封装性能等都提出了更高的要求 (Ko 等, 2012; Li 等, 2016; Li 等, 2017a,b)。现代 IC 封装中, Cu 凸点阵列的形貌如图 1.2 所示。Cu 凸点是每一片晶圆上大规模集成电路信号输入与输出的端口, 因此堆叠芯片间的 Cu 凸点互连键合质量的好坏是 IC 芯片整体机械强度、信号传输质量、电导及热导性能的关键所在 (Liu 等, 2011; 刘子玉等, 2014)。现阶段, 在 IC 制造工业中, 芯片间 Cu‑Cu 键合都是基于 Sn 或者 SnAgCu 无铅 (SAC lead-free) 焊料实现的。Cu‑Cu 键合中的 Sn 焊点 (Sn 帽) 由电镀及回流工艺获得。Sn 焊点形成后, 再通过倒装焊接工艺实现芯片间低温互连键合。Sn 材料成本低廉, 熔点低 (约 232 ℃), 升温熔化后可与 Cu 反应生成亚稳态的 Cu_6Sn_5 和稳态的 Cu_3Sn。Cu_6Sn_5 与 Cu_3Sn 的熔点分别为 415 ℃ 和 676 ℃, 在回流与键合过程中, 键合截面处形成的 Cu_6Sn_5 与 Cu_3Sn 能保证良好的热学及力学稳定性。因此, Sn 在半导体封装行业的互连键合中得到了广泛应用。

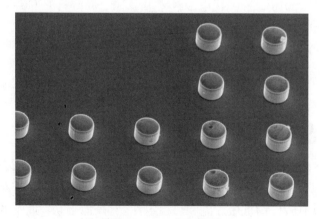

图 1.2 Cu 凸点阵列

然而, 随着 3D‑IC 封装密度的增加以及器件功率的增大, Cu 凸点面临尺寸大幅减小且互连载流量大幅增加等问题, 基于 Sn 材料的 Cu‑Cu 键合也逐渐出现诸多的问题。例如, Sn 过度溢出, Sn 须生长, 克肯达尔孔洞形成与耐热性问题等。

(1) Sn 过度溢出。由于 Sn 熔点较低, 在键合过程中 Sn 或 SnAgCu 焊料会熔化溢出, 超过 Cu 凸点的边缘。随着集成电路尺寸的不断减小以及集成度的不断增加, 密排 Cu 凸点的尺寸与间距也在不断降低。近年来, Cu 凸点的制备已经微缩至 5 μm 以内, 凸点间距也相应缩短至不足 10 μm (Lueck 等, 2012; Wang 等, 2016)。在极小的凸点间距下, Sn 焊料的溢出则容易导致凸点间发生短路, 从而失效。

(2) Sn 须生长。Sn 材料在多场作用 (室温、热循环、氧化、压力、电迁移等) 下以及长期服役后, 容易产生大量的 Sn 须, 在高密度、窄截距互连中, Sn 须的生长易形成搭桥, 从而导致电子器件短路失效 (Suganuma 等, 2011; Tu 等, 2013)。

(3) 克肯达尔孔洞形成。克肯达尔孔洞是由两种元素不平衡的扩散速率引起的。高密度三维封装中, 克肯达尔孔洞的形成主要源于电迁移与热循环两部分。电迁移现象是在高密度电流的作用下, 两种不同金属由于导电性差异, 导致原子的扩散速率不同。这种不平衡的原子扩散随电流方向会形成原子的堆积及损耗, 前者会形成前文所描述的 Sn 须, 后者则会形成克肯达尔孔洞 (Liu 等, 2007)。另一方面, 在热场作用下, Cu 原子与 Sn 原子向界面处扩散, 形成金属间化合物 (intermetallic compound, IMC) Cu_6Sn_5 与 Cu_3Sn, 但由于 Cu 与 Sn 的扩散率不同, Cu 原子在 Cu 侧形成的孔洞无法由 Sn 原子完全填补, 从而在 Cu/Cu_3Sn 界面处形成克肯达尔孔洞 (Zou 等, 2010)。克肯达尔孔洞的形成在现代半导体封装中几乎是不可避免的缺陷, 会对芯片间电信号传输及热传导造成负面影响 (Zeng 等, 2002)。

(4) 耐热性问题。当代半导体封装中, 经常需要适应大功率的应用场景, 例如电动汽车、航空航天、能源生产等。对于此类应用场景, 器件的使用温度可能会超过 250 ℃, 而 Sn 或者 SnAgCu 无铅焊料的熔点都在 230 ℃ 左右, 键合完成后, 通常会有大部分 Sn 或者 SnAgCu 并未形成 IMC, 因此不能适应此类高温应用 (Yamada 等, 2007; Liu 等, 2016)。在当代电子封装中, 基于 Sn 焊料的 Cu–Cu 键合如何应对耐热性问题也是一个严峻的考验。

综上所述, 产业界成熟的 Cu–Cu 键合方法已很难适应高密度 3D–IC 封装的快速发展, 研发更先进的 Cu–Cu 键合技术并推向产业化是迫在眉睫的需求。

1.3　Cu–Cu 键合技术的发展现状

目前, 金属凸点间键合在提供可靠的结构支撑的同时, 不仅可以作为优良的电气互连, 还可以作为导热性能良好的散热通道。金属 Cu 不仅具有优良的导电和导热性能, 还具有较好的机械性能和热稳定性, 且资源丰富、成本低廉。因此, 目前国内外三维封装互连多以 Cu 凸点的键合互连为主。传统微凸点间的 Cu/Sn/Cu 互连键合技术已难以适应当今集成电路高密度、高功率、高耐久等多方面的需求, 近年来, 产业界与学术界还开展了更先进的 Cu–Cu 键合技术研究, 主要集中在 Cu–Cu 直接键合、表面自组装键合、表面纳米化修饰键合、黏结剂键合、金属纳米焊料键合、共晶键合、瞬时液相键合、局部加热键合等方面, 并取得了大量研究成果。

1.3.1 Cu–Cu 直接键合

Cu–Cu 直接键合是指将待键合的 Cu 基底或 Cu 凸点直接接触, 在一定的热和压力的作用下, 使键合界面两侧的 Cu 原子之间发生相互扩散, 穿过分界面而进入另一侧, 实现 Cu 凸点之间的键合, 本质上就是依靠 Cu 的自扩散。

最初的 Cu–Cu 直接键合主要是热压键合技术, 即在较高的温度 (> 400 °C) 下对键合结构施以较高的压力, 从而实现键合, 后续还需要进行适当的退火处理。其原理是, 在高温的作用下 Cu 原子扩散速度加快, 在压力作用下 Cu 界面发生塑性变形, 增加了 Cu 界面的有效接触面积并缩短了扩散距离, 从而极大地促进了界面 Cu 原子的相互扩散, 最终使 Cu 界面融为一体, 完成键合 (Gueguen 等, 2009; Taibi 等, 2010; Kim 等, 2015)。热压键合最早是由麻省理工学院 (MIT) 的 Kuan-Neng Chen 等提出的, 他们深入地研究了 Cu–Cu 的热压键合工艺, 在 4 000 mbar[①] 键合压力和 400 °C 的高温下键合 30 min 后, 继续在氮气环境下退火 30 min, 实现了良好的 Cu–Cu 键合, 并综合研究了工艺压力、温度、时间等工艺参数对键合质量的影响 (Koester 等, 2008)。

Cu–Cu 热压键合技术的工艺温度较高、键合时间较长, 会导致界面处应力集中以及器件之间的错配和变形, 甚至对其他热敏感器件会造成永久性的损害。通过气相热处理、化学机械抛光、等离子体激活等表面处理方式, 可以提高待键合表面的质量和活性, 在一定程度上降低键合温度 (Shigetou 等, 2008; Kim 等, 2012; Park 等, 2015; He 等, 2016), 减少应力和热破坏的产生。

1.3.2 表面自组装键合

Cu 表面的氧化物会影响 Cu 原子的扩散速率, 因此减少 Cu 基底的表层氧化也可以降低 Cu–Cu 键合温度。表面单分子层自组装 (self-assembly monolayer, SAM) 键合工艺原理是, 在经过清洗后的待键合 Cu 表面覆以自组装单层材料, 阻止其再次氧化, 从而降低键合温度。其工艺流程为: 在待键合 Cu 表面吸附一定厚度的自组装层, 键合前在一定温度下退火, 去除 Cu 表面的自组装层, 最后在真空环境和一定的压力下保温一定时间以完成键合 (Ghosh 等, 2012; Qiu 等, 2013; Lykova 等, 2018)。目前, 常用的自组装材料是烷烃硫醇–己烷硫醇 ($CH_3(CH_2)_4CH_2SH$)。南洋理工大学的 Tan 等研究了 250 ~ 300 °C 下 Cu–Cu 的自组装键合, 采用己烷硫醇作为自组装层材料。在硅片表面镀 Cu 完毕后, 立即将其浸入 1-己硫醇 (1-

---

① 1 bar=10^5 Pa, 后同。

hexanethiol) 溶液, 储存 2 ~ 5 天后, 在氮气气氛 (或者真空环境) 中加热到 250 ℃ 并保温 10 min, 进行充分的解吸附, 解吸附后的 Cu 表面保留了疏水性和清洁性, 可提高 Cu–Cu 的键合强度 (Tan 等, 2009)。比利时微电子研究中心 (IMEC) 的工作者研究了不同碳链长度 (C3、C10、C18) 的烷烃硫醇对 40 μm 间距 Cu 微凸点之间的自组装键合的影响, 发现在 C18–SAM 溶液中浸渍 24 h 后得到的 Cu 表层的氧化程度最低, 键合结构的导电性也显著优于另外两组, 还发现自组装之前用微波等离子体作清洁其效果远好于用柠檬酸清洗 (Kuribara 等, 2012)。

1.3.3　表面纳米化修饰键合

通常的金属扩散键合, 如 Cu–Cu 和 Au–Au 键合, 虽然可以提供优异的键合强度和电气互连, 但需要高的键合温度、高的黏结压力以及严格的表面处理和较长的键合时间, 因而并没有得到较多的应用。但是当金属或非金属被制备成小于一定尺度的粉末时, 其物理性质就发生了根本的变化, 熔点也会随之降低 (Noor 等, 2013; Shen 等, 2016; Du 等, 2017)。越来越多的研究表明, 结合纳米材料的尺寸效应, 将待键合面转化为纳米尺度结构后再进行键合, 可降低键合的温度要求。美国的伦斯勒理工学院开发出了 Cu 纳米柱阵列的低温键合方法 (Wang 等, 2009), 他们发现这些纳米柱在远低于 Cu 块体熔点以下的温度发生表面熔化, 根据这一特性可在 300 ~ 400 ℃ 范围内利用 10 ~ 20 nm 的 Cu 纳米柱阵列实现低温键合, 并最终在 400 ℃ 得到了致密的各向同性的 Cu 键合层。Cu 基纳米材料易氧化、难制备、稳定性差, 这严重阻碍了 Cu 基纳米化修饰技术在 Cu–Cu 键合中的实际应用, 但其具有极高的应用前景与应用价值, 因此成为近年来 Cu–Cu 键合技术领域的研究热点。

1.3.4　黏结剂键合

黏结剂键合是利用黏结材料作为中间层将上下基底连接在一起的一种可图案化的键合技术, 其键合过程与热压键合类似, 即需要一定的温度 (使黏结剂固化) 和压力 (使待键合面与黏结剂充分接触)。这种方法的优点是工艺简单灵活 (可以根据强度的要求选择室温到 350 ℃ 之间的黏结材料), 对键合面的质量要求不高, 具有良好的防潮和气体密封能力且不会对器件造成离子污染。黏结剂键合通常使用热固性聚合物作为黏结剂, 例如苯并环丁烯 (BCB)、聚酰亚胺 (PI) 和聚苯并恶唑 (PBO)。从应用角度来说, 黏结剂通常分为光敏感型和非光敏感型两种, 对应的目前最常用的黏结剂分别是 SU–8 和苯并环丁烯 (Yacobi 等, 2002; Niklaus 等, 2006)。

黏结剂自身的收缩性降低了精度, 限制了黏结键合技术的应用范围, 使其难以用于尺寸比较小、精度比较高的键合场景。另外, 在三维集成的工作环境下, 许多聚合物黏结剂的长期稳定性比较差 (Niklaus 等, 2006)。

1.3.5　金属纳米焊料键合

金属纳米焊料键合是指, 将高性能互连金属纳米材料 (如 Au、Ag、Cu 等) 配置为金属纳米焊料, 作为 Cu–Cu 键合的中间层, 再利用纳米材料的小尺寸效应降低金属的熔点或烧结温度, 从而在热压实验中实现 Cu 基底间的低温互连键合。

北京航空航天大学的 Wei Guo 等提出了以 Ag 纳米颗粒制成焊料实现低温 Cu–Cu 键合的方法 (Guo 等, 2015), 其合成的 Ag 纳米颗粒平均粒径在 40 nm 左右。用 Ag 颗粒制成浆料后,Wei Guo 等在 150 ∼ 350 ℃、3 MPa 下进行了 5 min 快速键合研究。经 150 ℃ 键合后, 键合界面处 Ag 材料的颗粒感很明显, 说明这种尺寸的 Ag 纳米颗粒在此温度下烧结不够充分, 焊料与基底之间的连接也有很多缺陷。当键合温度高于 250 ℃ 时, Ag 的烧结现象明显, 并且与基底之间也产生了紧密的结合。经测试, 当键合温度为 250 ℃ 时, Cu–Cu 键合的剪切强度高达 28 MPa, 可以比肩传统的 SnPb 焊料以及 SnAgCu 无铅焊料, 满足电子封装的基本要求。当键合温度为 350 ℃ 时, 测试得到的剪切强度更是高达 40 MPa。正如该论文 (Guo 等, 2015) 的结论部分所指出, 利用纳米颗粒的烧结性能实现 Cu–Cu 键合是切实可行的。

日本大阪市科技研究中心的 Morisada 等利用 Cu–Ag 混合纳米焊料进行 Cu–Cu 键合的研究 (Morisada 等, 2010)。文中用于制备混合纳米焊料的 Cu 纳米颗粒尺寸在 500 nm 左右, Ag 纳米颗粒在 10 nm 以内。作者用不同的 Cu–Ag 比例配制成混合纳米焊料, 并研究了用此焊料在 250 ∼ 350 ℃、10 MPa 下的键合性能。当 Cu 占混合纳米焊料总质量 50% 以内时, Cu–Cu 键合会形成良好的机械性能, 其断面上出现酒窝状的塑性拉伸变形。若 Ag 含量较少, 则 Cu–Cu 键合不完整, 断面呈现原始的纳米颗粒形貌。这是由于 500 nm 左右的 Cu 纳米颗粒烧结特征不明显, 而少量的 Ag 不能为没有充分烧结的 Cu 颗粒提供有效的连接。经测试, 利用 Cu–Ag 质量比为 1:1 的混合纳米焊料在 350 ℃ 下完成 Cu–Cu 键合时, 其剪切强度可以达到 50 MPa 左右; 即使是 300 ℃ 的键合, 其强度也可达 20 MPa 左右。

金属纳米焊料键合具有较好的工艺灵活性, 在微电子封装、MEMS 器件、印刷电路、柔性电子等多个领域均具有较强的应用前景。

1.3.6　共晶键合

金属共晶键合是先进 MEMS 封装和三维集成封装领域流行的一种键合技术, 可以满足很多微系统对密封性和真空密封性的要求。其原理是, 利用配比与相图中共晶点成分相吻合的合金作为键合材料, 再利用共晶点成分的低熔点特性来实现低温键合。键合时, 当待键合结构被加热到共晶点温度时, 键合材料会转化为液相, 充分润湿表面并在界面处充分扩散, 最终在冷却过程中凝固成连续的密封层 (Tang 等, 2017, 2018; Khairi Faiz 等, 2017)。由于键合时, 界面为液 – 固界面, 因而共晶键合对于表面形貌质量的要求不高, 不需要复杂的表面处理。另外, 该工艺并不需要高真空和后续退火处理。缺点是: 不适用于凸点的尺寸和间距; 实际键合温度高于共晶温度 10 ~ 50 ℃, 在一定程度上限制了可选的共晶体系; 虽然对表面质量要求不高, 但是需要完全除掉键合面上的氧化层。

常用的低温共晶体系有 Au – Si (380 ~ 400 ℃)、Au – Sn (300 ℃)、Au – In (275 ℃)、Pb – Sn (190 ℃)、In – Sn (120 ℃) 等。虽然采用 Sn – Pb 是比较成熟的低温共晶键合方法, 但由于 Pb 对环境的危害, 芯片级以外的封装禁止使用 Pb (Schaefer 等, 1998; Sharif 等, 2004)。另一方面, In 属于贵金属, 成本较高, 而且 In 的共晶产物的熔点 (约 156.6 ℃) 较低, 不耐高温, 因而较少采用 (Shu et al, 2015, 2016)。在晶圆键合中, Au – Sn 共晶体系, 特别是 Au0.8Sn0.2 (熔点 280 ℃), 得到了深入的研究, 通常键合温度设为 290 ℃, 以降低熔体的黏度, 增强流动性, 使其更充分地铺展润湿整个键合面 (Song 等, 2000; Djurfors 等, 2001)。需注意: Au 的成本也较高; 共晶合金在制备过程中也要求成分配比的精确 (严重影响键合温度), 制备工艺复杂; 未密封的金属也可能与其反应, 影响稳定性等其他性能。因而在封装与互连领域, Au – Sn 共晶键合也难以得到大面积的推广和应用。

1.3.7　瞬时液相键合

瞬时液相 (TLP) 键合不同于共晶键合, 是通过将低熔点金属夹在两个较高熔点的金属之间形成 "三明治" 结构, 然后将键合结构加热至低熔点金属的熔点温度以上, 这样低熔点金属熔化并与高熔点金属相润湿, 同时二者之间相互扩散 (比固态下扩散速率高三个数量级), 冷却后在界面处形成固溶体或者金属间化合物, 从而实现键合。生成的金属间化合物的熔点显著高于低熔点金属的, 使其键合后具有一定的耐高温性, 并具有较好的剪切强度、拉伸强度、抗电迁移性及抗蠕变性, 但具有一定的脆性 (Tuah-Poku 等, 1988; Cook 等, 2011)。常用的低温 TLP 体系有 Sn – Au、Au – In、Sn – Ag、Cu – Zn、Sn – Ni 和 Sn – Cu 等, 其中 Sn – Cu 与 Sn – Ni 体系具有低成本、高强度、优异的抗电迁移性能以及热循环稳定性, 因而得到了广泛关注和应用 (Marauska 等, 2013; Brincker 等, 2017)。

21 世纪初, 美国 Infineon 公司和 IZM Fraunhofer 研究机构均采用 Cu/Sn 体系在 250 ℃ 的温度范围内完成了芯片的瞬时液相键合。IMEC 研发出一种瞬态液相键合技术, 利用 Cu/Sn 作为金属互连介质, 同时结合底部填充胶作为键合的黏结剂, 在 250 ℃ 下实现了互连, 并在 50 μm TSV 互连上得到了验证 (Agarwal 等, 2009)。

1.3.8 局部加热键合

局部加热键合是用针对键合界面处较小区域进行加热的技术代替整体加热, 以减小对其他器件的热影响, 从而实现低温键合的效果和目的。以自蔓延反应材料作为局部加热热源进行键合, 得到了较多的关注和研究。

自蔓延局部加热互连键合工艺的原理是, 利用自蔓延反应材料自身反应释放的热量作为热源来加热键合界面处的材料以完成键合。当自蔓延反应材料在一定的能量脉冲 (激光、电火花等热激励方式) 的作用下, 其两种组成元素之间会发生快速的互扩散并发生反应, 化学键之间的断裂和重生释放了大量的热量, 可加速元素互扩散, 熔化焊料, 从而实现可靠的连接。根据自蔓延反应理论, 其引燃 (点火) 温度与两种元素的单层厚度有关, 而释放的热量与总膜元素原子比和总膜厚有关 (Swiston 等, 2003; Wang 等, 2004; Zhang 等, 2005)。虽然自蔓延反应材料释放的热量较大, 温度也较高, 但由于键合时间极短, 与自蔓延反应材料距离达 100 μm 时, 温度即可低至 200 °C 以下, 因此可以认为对键合结构的热影响很小, 完全可以达到低温键合的效果 (Wang 等, 2013; Sraj 等, 2013; Kraemer 等, 2015; Theodossiadis 等, 2017)。

1.4 小结

集成电路制造技术是一项社会高度需求且长期处于高速发展的重要技术。其中, 集成电路封装与键合技术是集成电路制造后端技术中的关键所在。本章首先介绍了集成电路封装技术与键合技术的主要概念, 并根据行业发展需求阐述了键合技术在集成密度增加且尺寸持续减小的现状下所遇的瓶颈与挑战。结合国内外发展现状, 本章还介绍了 Cu–Cu 直接键合、表面自组装键合、表面纳米化修饰键合、黏结剂键合、金属纳米焊料键合、共晶键合、瞬时液相键合、局部加热键合的技术特点。为提升互连的导电、导热以及服役稳定性, 本书着眼于高性能互连材料及低温键合方法的探索, 主要内容集中在表面纳米化修饰键合、金属纳米焊料键合、局部加热键合等方面, 将于后续章节详细介绍。

第 2 章　基于表面纳米修饰的 Cu−Cu 键合技术

目前纳米材料在互连方面的应用受到了越来越多的关注和研究, 纳米材料的低熔点和表面高活性特性已被证实可以有效降低互连温度, 以满足封装工艺与某些温度敏感器件的要求。由于 Cu 具有优异的导电、导热和抗电迁移特性, 已成为芯片封装领域关注度最高的互连介质。基于 Cu 纳米结构的低温键合属于表面纳米化修饰的键合中的一种, 有望成为具有竞争力的互连方案。本章针对两种不同的 Cu 纳米结构——Cu 纳米棒 (Cu nanorod) 和 Cu 纳米线 (Cu nanowire), 研究其在低温 Cu−Cu 键合中的实际性能, 并进行了可行性论证。

2.1　Cu 纳米棒的制备工艺研究

2.1.1　Cu 纳米棒的生长机制

倾斜沉积是一种工艺简单、操作方便的微纳结构生长技术, 常用的镀膜工艺都可以用于倾斜沉积, 如磁控溅射、电子束蒸发、热蒸发、化学气相沉积 (CVD) 等。通常将样片与靶材入射方向垂直放置, 表面会沉积一层致密膜。与之不同的是, 倾斜沉积技术将待镀膜样片大角度倾斜放置即可沉积出纳米棒结构。

倾斜沉积纳米棒原理如图 2.1 所示。首先, 将样品与靶材颗粒入射流呈一定角度放置, 样片表面随靶材颗粒的附着成核变得粗糙, 颗粒落点和样片表面成核是一个随机过程 (图 2.1a)。如图 2.1b 所示, 颗粒核逐渐长成柱状, 并在颗粒入射方向后面形成阴影。随着柱状结构继续生长, 一部分柱体会在入射方向遮挡相邻柱体, 抑制它们的生长 (图 2.1c)。一定时间后, 小的颗粒核和柱体完全被遮挡, 停止再生长, 其他柱体长成纳米棒状的结构阵列并形成一层纳米棒膜, 纳米棒的倾斜角与靶材颗

粒入射角并不相等 (Hawkeye 等, 2007; Tanto 等, 2010)。此类通过倾斜角度产生阴影生长出纳米棒的机理称为阴影效应。实际薄膜的生长过程包括多种因素的影响, 主要有阴影效应和再发射效应 (表面原子被撞出后落在另一点上): 阴影效应使样片表面更加粗糙; 再发射效应使表面光滑 (Karabacak 等, 2009, 2011)。

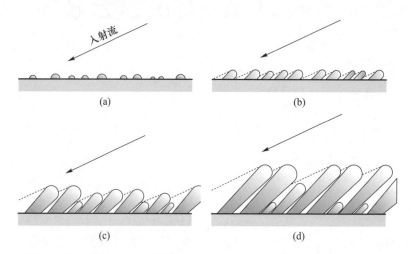

图 2.1　倾斜沉积纳米棒原理: (a) 靶材颗粒随机落在样片表面成核; (b) 颗粒核生长并产生阴影; (c) 生成柱体, 抑制相邻处生长; (d) 柱体以一定角度长成纳米棒

2.1.2　Cu 纳米棒的制备工艺

采用晶向 ⟨100⟩、厚度 500 μm 单面氧化的硅片作为基底, Cu 纳米棒沉积设备分别为磁控溅射和热蒸发, 具体制备过程如下:

(1) 清洗硅片。首先将硅片放置在丙酮中超声清洗 5 min, 去除样片表面的有机污染物, 再依次用乙醇和大量去离子水超声清洗 5 min, 去除残留丙酮; 其次配制 SPM 溶液 (浓 $H_2SO_4 : H_2O_2 : H_2O = 1 : 1 : 5$) 并加热至 $70 \sim 90 \,^{\circ}\mathrm{C}$, 清洗样片 10 min, 去除表面颗粒和金属杂质; 最后用大量去离子水冲洗, 去除残留溶液, 并用氮气吹干。

(2) 纳米棒生长。利用倾斜沉积的方法生长 Cu 纳米棒, 将样片倾斜固定在自制样品台上, 保持样片法线相对靶材法线夹角为 85°, 分别采用射频磁控溅射 (功率为 300 W, 时间为 30 min) 和热蒸发 (电流为 170 A, 时间为 1 h) 工艺沉积纳米棒。

倾斜沉积 Cu 纳米棒阵列如图 2.2 所示。图 2.2a 为倾斜溅射 Cu 的表面形貌, 从俯视角度可以看到表面呈微纳颗粒状结构, 具有一定的方向趋势, 而不是致密的膜。从截面角度 (图 2.2c) 可以清楚看到倾斜溅射得到的是纳米棒阵列, Cu 纳米棒层的厚度约为 570 nm, 纳米棒直径约为 150 nm, 相对样片法线倾角约为 50°。图 2.2b 和 d 分别为倾斜热蒸发沉积 Cu 纳米棒的俯视图和截面图, 从俯视角度就可以明显看到倾斜长条状的纳米棒, 相比于磁控溅射, 倾斜热蒸发沉积的 Cu 纳米棒相对法线倾角更大, 约为 72°, 纳米棒直径约为 80 nm。俯视图右上角插图为对应样片的放大图像, 可以看到, 热蒸发沉积的 Cu 纳米棒表面更加光滑, 相邻纳米棒容易黏附在一起, 而溅射 Cu 纳米棒表面则有更小的纳米颗粒, 进一步增大了纳米棒阵列的表面积。

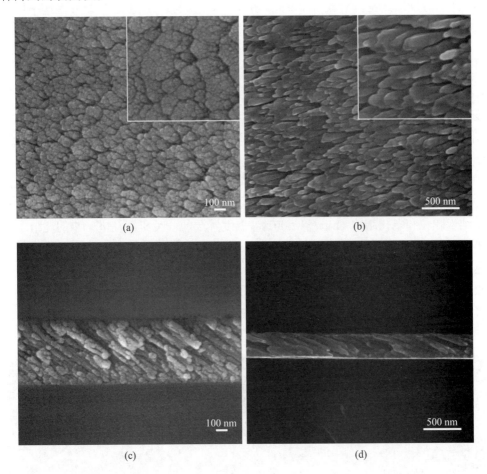

图 2.2 倾斜沉积 Cu 纳米棒阵列: (a, c) 磁控溅射; (b, d) 热蒸发

2.2 Cu 纳米棒的退火烧结特性

纳米结构具有高表体积比, 在表面原子的影响下能很大程度地改变材料的热动力学特性。也就是说, 材料具有巨大表面积和高表面曲率的微纳结构时, 在退火过程中会展现出更高的表面扩散速度 (Campbell 等, 2002)。

2.2.1　溅射 Cu 纳米棒退火烧结特性

将倾斜溅射 Cu 纳米棒样片分为三组依次放入退火炉中, 用机械泵抽去炉内空气, 然后通入惰性气体 Ar, 气流量为 100 sccm[①], 通气 30 min 后排出炉内残余空气, 然后分别加热至 300 ℃、400 ℃ 和 500 ℃, 保持恒定温度 1 h, 升温速率设为 20 ℃/min。Cu 和 Si 基底具有高热导率, 升温速率的设定要保证表面和纳米棒内部退火温度均匀 (Karabacak 等, 2006)。

图 2.3 为三组样片退火后表面和截面形貌的扫描电子显微镜 (scanning electron microscope, SEM) 图。退火温度为 300 ~ 400 ℃ 时, 样片表面形貌没有明显变化, 依然是许多带有一定方向趋势的微纳颗粒状结构。但从截面图 2.3d 可以看到, 纳米棒出现了明显的烧结现象, 纳米棒阵列结构消失, 相邻纳米棒烧结在一起, 形成一层多孔状薄膜。薄膜上存在许多小尺寸的颗粒和孔洞, 这是因为在退火过程中纳米棒表面 Cu 原子扩散, 相邻纳米棒互相接触熔合, 熔合处存在一定曲线 (如孔洞边缘), 在一定曲率下形成的表面张力提供了烧结驱动力, 在驱动力作用下形成了纳米颗粒和多孔结构 (Liu 等, 2001)。温度升至 400 ℃ 时, 在进一步的烧结作用下, 颗粒和孔洞的尺寸明显变大, 如图 2.3e 所示。图 2.3c 为溅射 Cu 纳米棒 500 ℃ 退火的表面形貌, 此时纳米颗粒和纳米棒结构完全消失, 烧结成一层连续薄膜, 薄膜由许多晶粒组成, 晶粒与晶粒之间存在明显的晶界。原始沉积的纳米棒之间存在缝隙, 由于 Cu 原子在退火时具有高流动性, 薄膜中间会产生一些较大的孔洞, 如图 2.3c 和 f 中白色箭头所指。

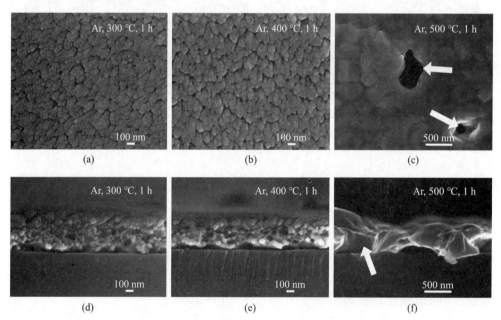

图 2.3　倾斜溅射 Cu 纳米棒在 Ar 环境和不同退火温度下退火的表面和截面形貌: (a, d) 300 ℃, 1 h; (b, e) 400 ℃, 1 h; (c, f) 500 ℃, 1 h

①sccm 表示标况下毫升每分, 后同。

对三组样片进行 X 射线衍射 (X-ray Diffraction, XRD) 表征, 结果如图 2.4 所示, 主要包括 Cu (111)、Cu (200) 晶面, 只存在极少量的 Cu (220) 晶面。溅射沉积纳米棒层只有较弱的 Cu 峰, 尤其 Cu (200) 晶面对应峰值很弱, 经过退火后 Cu (111) 和 Cu (200) 晶面对应峰值都有很大提高, 随着退火温度的提高, 两种晶面峰值都逐渐提高, 这说明纳米棒薄膜经历了表面扩散和再结晶过程。曲线中 Cu (111) 和 Cu (200) 晶面所对应峰值分别位于 43.38°±0.01°、50.55°± 0.05° 处, 稍大于两种晶面的平衡点 43.30°、54.43°, 这是因为倾斜沉积纳米棒过程中存在孔隙而产生了拉应力, 这些拉应力也在退火过程中提供烧结驱动力, 进一步影响了表面 Cu 原子迁移和最终形貌 (Karabacak, 2006)。

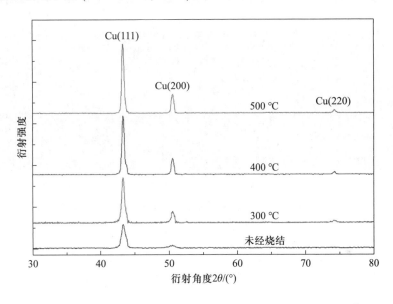

图 2.4　倾斜沉积 Cu 纳米棒在 Ar 气氛下退火后的 XRD 图谱

2.2.2　热蒸发 Cu 纳米棒退火烧结特性

同样, 将倾斜热蒸发纳米棒样片分三组依次放置于退火炉中, 在 Ar 气保护下, 分别在 300 ℃、400 ℃ 和 500 ℃ 加热退火 1 h。图 2.5 为纳米棒退火后 SEM 图像, 用 XRD 图谱对各样片进行表征, 结果如图 2.6 所示。从图 2.5a 和 d 可以看到, 退火温度为 300 ℃ 时, 纳米棒阵列整体形貌没有太明显的变化, 而 XRD 图谱显示 Cu (111) 和 Cu (200) 晶面峰值都有一定程度的升高, 说明该温度下纳米棒已经开始 Cu 原子迁移和结晶过程。随退火温度的升高, Cu 原子扩散速度提高, 相邻纳米棒之间相互扩散熔合愈加明显, 至 500 ℃ 时可以看到大尺寸的晶粒出现, 晶粒在各方向上无规律地生长, 如图 2.5b 和 c 所示。退火过程中, 邻近纳米棒接触处互相熔合在一起, 如箭头所指。随着时间的推移, 在表面张力作用下接触线进一步延长, 缝隙 (白色框中所示) 变短, 直至消失, 最后完全熔合成多孔薄膜, 纳米棒结构则完全

15

消失。相比于 400 ℃, 退火温度为 500 ℃ 时 Cu (111) 和 Cu (200) 晶面峰值不再进一步增高, 说明此时 Cu 膜没有更多明显的再结晶过程。

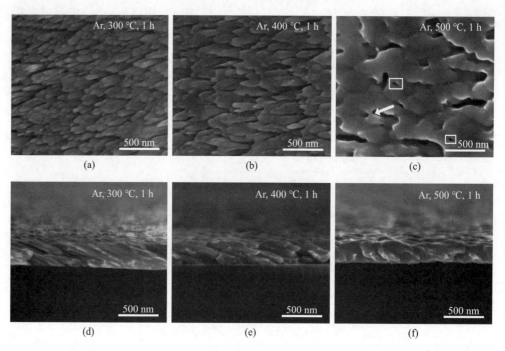

图 **2.5**　热蒸发 Cu 纳米棒在 Ar 环境和不同温度退火下的表面和截面形貌: (a, d) 300 ℃, 1 h; (b, e) 400 ℃, 1 h; (c, f) 500 ℃, 1 h

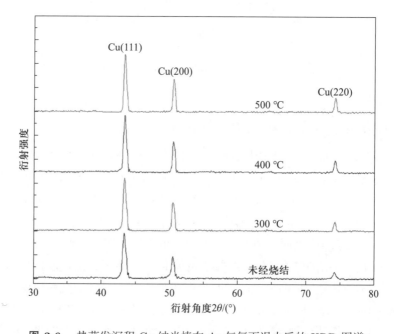

图 **2.6**　热蒸发沉积 Cu 纳米棒在 Ar 气氛下退火后的 XRD 图谱

2.3 基于 Cu 纳米棒的 Cu–Cu 键合

2.3.1 基于 Cu 纳米棒的键合机理

据 Cu 纳米棒的退火烧结特性可知, 材料具有巨大表面积和高表面曲率的微纳结构时在退火过程中表现出更高的表面扩散速度, Cu 纳米棒结构具有很高的表体积比和表面能, 其熔点明显低于块状 Cu 熔点 (约 1 083 ℃)。激活原子迁移的温度阈值随着尺寸的缩小而减小。

Cu 纳米棒的键合过程可以通过纳米棒退火过程来理解。随着温度的升高, 高活性的纳米棒之间产生熔合, 致使纳米棒阵列的表面积急剧减小以及表面能快速降低, 整体上由高活性状态逐渐趋于稳定。在此过程中, 原始纳米棒表面的高活性状态加速了 Cu 原子的扩散迁移速率。键合过程中, 在键合压力作用下, 相邻纳米棒互相接触, 在一定曲率和温度下形成的各向同性的毛细管力成为烧结驱动力。毛细管力可等同为流体静压力, 其大小很大程度上受纳米棒尺寸的影响, 并在相邻纳米棒之间提供垂直于接触颈部的压应力以驱动纳米棒熔合。键合流动层初始由表面扩散引发, 然后在烧结过程中由毛细管力的作用使流动层致密化 (Liu 等, 2001; Wang 等, 2009)。

2.3.2 Cu–Cu 键合工艺研究

2.3.2.1 基于 Cu 纳米棒的真空热压键合

我们将溅射和热蒸发倾斜沉积的纳米棒应用于真空热压键合, 图 2.7 为真空热压键合设备及纳米棒键合示意图, 具体工艺步骤为:

(1) 硅片清洗。将样片依次在丙酮、乙醇中超声清洗 5 min, 用大量去离子水冲洗, 配制 SPM 溶液并加热至 70 ~ 90 ℃ 保持 10 min, 去离子水冲洗后用氮气枪吹干。

(2) 扩散阻挡层和种子层沉积。用磁控溅射镀膜机在清洗后的硅片表面溅射 Ti 膜作为阻挡层, 防止金属 Cu 扩散至 Si 基底, 再溅射 Cu 作为种子层。

(3) 纳米棒沉积。采用倾斜沉积的方法沉积 Cu 纳米棒, 将样片倾斜固定在样品台上, 保持样片法线相对靶材法线的夹角为 85°, 分别采用射频磁控溅射 (功率为 300 W, 时间为 30 min) 和热蒸发 (电流为 170 A, 时间为 1 h) 工艺沉积 Cu 纳米棒。

(4) 键合。如图 2.7b 所示, 将两个 Cu 纳米棒样片相对叠放, 将叠放样片放入热压键合机工作腔中, 启动机械泵抽取空气并保持真空度约为 1 ~ 10 Pa, 启动空压机并开气压阀, 调至预设实验压力, 最后按预设温度曲线进行热压键合。

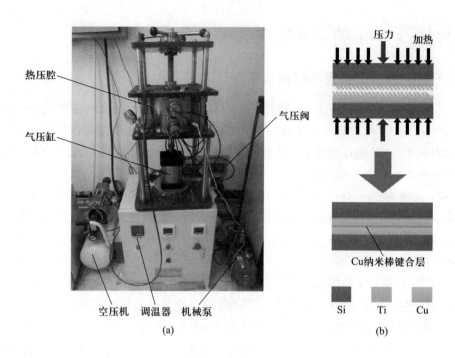

图 2.7　真空热压键合设备及纳米棒键合示意图

图 2.8 为基于溅射 Cu 纳米棒的真空键合截面 SEM 图。键合温度设定为 300 ℃ 和 400 ℃, 键合压力分别为 20 MPa、40 MPa、80 MPa, 键合时间为 1 h。键合温度为 300 ℃、压力为 20 MPa 的样片截面如图 2.8a 所示, 可以看到, 纳米棒结构已经完全消失, 但两侧样片完全分开, 说明两侧纳米棒之间没有足够扩散, 致使结合不紧密, 在一定压力的磨样过程中, 砂纸的磨削作用使样片撕裂开来。键合压力升至 40 MPa 时 (图 2.8b), 样片没有完全撕裂开, 但可以观察到纳米棒层与种子层、上下样片纳米棒层之间存在明显的键合界线, 说明此压力下纳米棒层与种子层、纳米棒层之间还没有完全扩散熔合。由图 2.8c 看到, 进一步提高压力至 80 MPa, 纳米棒层与种子层界线已经消失, 但纳米棒层之间的界线依然存在, 插图为界线放大图, 键合界线存在一条弯曲的细缝, 局部熔合起来 (箭头所指), 说明纳米棒层与种子层之间的扩散更加充分。将键合温度提高至 400 ℃, 截面形貌如图 2.8d ～ f 所示, 键合压力为 20 MPa 的界面形貌与 300 ℃、80 MPa 键合条件下的结果相似, 只存在纳米棒层与纳米棒层之间的界线, 但相较而言后者界线更为清晰, 熔合程度更弱, 说明提高温度后原子扩散更加充分。键合压力提高至 40 MPa、80 MPa 的界面形貌分别如图 2.8e 和 f 所示, 原始纳米棒层与种子层、纳米棒层之间的界线消失, 整个区域没有明显的分层或孔洞缺陷, 说明 Cu 原子扩散充分, 上下样片紧密结合。

我们将热蒸发倾斜沉积的纳米棒也应用于热压键合中, 键合温度同样分别设定为 300 ℃ 和 400 ℃, 键合压力分别为 20 MPa、40 MPa、80 MPa, 键合时间为 1 h, 图 2.9 为不同工艺参数下键合样片截面形貌的 SEM 图。键合温度为 300 ℃、压

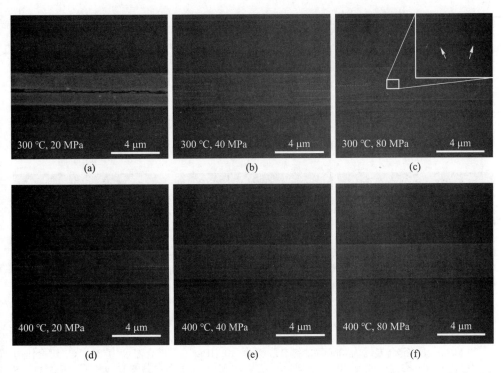

图 2.8 基于溅射 Cu 纳米棒的真空键合截面 SEM 图: (a) 键合温度为 300 ℃, 键合压力为 20 MPa; (b) 键合温度为 300 ℃, 键合压力为 40 MPa; (c) 键合温度为 300 ℃, 键合压力为 80 MPa; (d) 键合温度为 400 ℃, 键合压力为 20 MPa; (e) 键合温度为 400 ℃, 键合压力为 40 MPa; (f) 键合温度为 400 ℃, 键合压力为 80 MPa

力为 20 MPa 的样片截面形貌如图 2.9a 所示, 虚线中间为纳米棒键合层, 上下两个样片的纳米棒结构消失, 纳米棒熔合烧结在一起 (如左侧箭头所示), 原纳米棒层中的间隙在烧结过程中形成孔洞滞留于键合层中 (如右侧箭头所示)。如图 2.9b 所示, 当提高键合压力至 40 MPa, 压力作用下纳米棒键合层愈加紧实, 键合层的厚度由 20 MPa 下的 1.42 μm 减小为 0.78 μm。压力升至 80 MPa 时的键合截面形貌如图 2.9c, 键合层厚度进一步减小至 0.61 μm, 说明原子扩散程度进一步增强, 但在纳米棒层与种子层之间以及纳米棒键合层中间还存在一定的孔洞, 分别由白框和黑框标出。图 2.9d 为 400 ℃、20 MPa 的键合样片截面形貌, 键合层清晰可见, 其厚度为 0.79 μm, 与工艺参数 300 ℃、40 MPa 的键合层厚度十分接近, 但后者的上下样片局部完全熔合在一起, 其他位置形成孔洞, 而前者纳米棒层与种子层之间界线分明, 说明其扩散程度相对较弱。图 2.9e 为键合压力升至 40 MPa 时的键合样片截面形貌, 纳米棒层与种子层之间存在界线, 上下样片的纳米棒层则完全熔合在一起, 此时键合层厚度进一步减小至 0.48 μm, 键合层已没有孔洞等缺陷, 说明原始纳米棒之间的间隙由 Cu 原子填充, 键合层更加紧实。键合压力提高至 80 MPa 时, 整个区域没有观察到键合界线或原始纳米棒层与种子层之间的界线, 说明 Cu 原子扩散充分, 上下样片紧密结合。

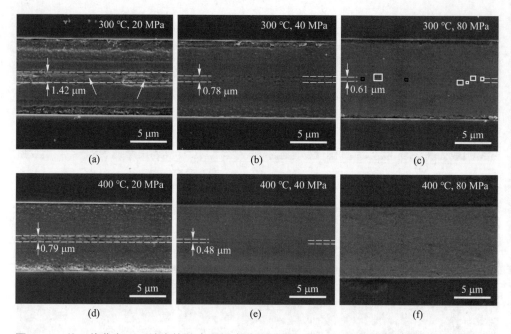

图 2.9 基于热蒸发 Cu 纳米棒的真空键合截面 SEM 图: (a) 键合温度为 300 ℃, 键合压力为 20 MPa; (b) 键合温度为 300 ℃, 键合压力为 40 MPa; (c) 键合温度为 300 ℃, 键合压力为 80 MPa; (d) 键合温度为 400 ℃, 键合压力为 20 MPa; (e) 键合温度为 400 ℃, 键合压力为 40 MPa; (f) 键合温度为 400 ℃, 键合压力为 80 MPa

剪切强度可作为评价键合质量的指标之一, 因此我们将不同工艺参数下的键合样片进行推拉力测试, 结果如图 2.10 所示。图 2.10a 为溅射纳米棒不同温度、压力键合样片的剪切强度, 300 ℃、20 MPa 工艺参数下的样片剪切强度仅为 7 MPa, 随着键合压力的增强, 样片的剪切强度逐渐增加至 9.5 MPa 和 12 MPa, 说明压力的增大促进了 Cu 原子的扩散, 与图 2.9a ~ c 结果相一致。键合温度为 400 ℃ 时, 各压力下的样片键合强度都有明显的提升, 键合压力为 20 MPa 时样片的剪切强度为 12.7 MPa, 超过了 300 ℃ 下键合的最大强度, 说明温度的提高很大程度地促进了原子的扩散。进一步提高键合压力, 样片的最大剪切强度可达 20 MPa。热蒸发纳米棒在不同温度、压力时的键合样片的剪切强度如图 2.10b 所示, 与溅射纳米棒样片剪切强度变化趋势相似, 随着键合压力的增加, 样片的剪切强度也逐渐增大。同样, 键合温度的提高也促进了 Cu 原子的扩散, 提高了剪切强度, 分别与图 2.9d ~ f 所示结果相对应。整体而言, 两种方法得到的纳米棒样片在相同工艺参数下的键合强度相差不大, 两者具有相同的变化趋势, 其中热蒸发倾斜沉积纳米棒样片的键合强度均稍大于溅射样片的, 最大可达 21.3 MPa。在 2.2 节的研究中, 我们知道纳米棒直径越小, 表体积比就越大, 表面能和表面活性越大, 材料熔点降低程度更大。热蒸发纳米棒直径约 80 nm, 溅射纳米棒直径约 150 nm, 但热蒸发沉积的 Cu 纳米棒表面更加光滑, 相邻纳米棒容易黏附在一起, 减小了单位表面积, 而溅射 Cu 纳米棒表面则有更小的纳米颗粒, 增大了纳米棒的表面积, 最终两者都在 500 ℃ 时退火烧

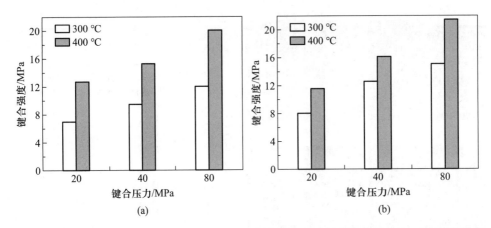

图 2.10　纳米棒真空键合样片的剪切强度: (a) 溅射 Cu 纳米棒真空热压键合; (b) 热蒸发 Cu 纳米棒真空热压键合

结成各向同性薄膜, 即块状 Cu 的熔点由 1 083 °C 均降至 500 °C 左右, 与两者在相同工艺参数下键合强度相差不大的结果相符。

2.3.2.2　基于 Cu 纳米棒在惰性气氛下的 Cu-Cu 键合

上节将 Cu 纳米棒应用于真空环境的热压键合, 本节我们将在 Ar 保护气氛下进一步研究纳米棒键合, 键合截面形貌如图 2.11a ~ d 所示, 键合压力和键合时间均为 4 MPa 和 1 h。图 2.11a 为溅射纳米棒样片在 300 °C 键合时的截面形貌, 纳米棒结构完全消失, 但可以观察到样片间存在键合界线。键合温度为 400 °C 时已观察不到任何键合界线或孔洞缺陷的存在, 上下样片紧密结合在一起, 说明相对于键合温度 300 °C, 此时 Cu 原子扩散得更加充分 (图 2.11b)。图 2.11c 和 d 分别为热蒸发 Cu 纳米棒在 300 °C 和 400 °C 键合时的截面形貌, 可以看到, 两者的整个区域都没有明显缺陷, 形貌与溅射纳米棒样片在 400 °C 键合时的结果相似, 优于300 °C 的键合效果, 说明热蒸发纳米棒样片的 Cu 原子扩散程度更高。各样片的剪切强度如图 2.11e 所示, 在相同键合温度下, 热蒸发纳米棒键合样片的剪切强度要高于溅射纳米棒键合样片的剪切强度, 与所观察到的截面形貌结果相一致。在 Ar保护气氛下, 溅射和热蒸发纳米棒键合样片在 300 °C 的剪切强度分别为 13.3 MPa和 17.5 MPa, 要高于相同温度下两者在抽真空时键合的最大剪切强度 12 MPa 和15 MPa; 400 °C 时键合样片的剪切强度也有相同的结果。虽然本组实验键合压力远小于抽真空实验的键合压力 80 MPa, 但剪切强度却高于后者。我们可以推断, 在Ar 保护气氛下键合可防止空气中的氧气与 Cu 纳米棒发生氧化反应, 从而获得更好的键合效果。氧化层的存在会抑制 Cu 原子之间的扩散, 降低样片的键合质量。为保证良好的键合截面, 通常 Cu-Cu 真空热压键合的真空度需要达到 10^{-3} MPa,甚至是更高的真空度 (Lim 等, 2009)。在上节的键合实验中, 我们采用机械泵抽取空气, 键合机工作腔的真空度仅约为 1 ~ 10 Pa, 远大于 10^{-3} Pa, 腔内残留氧气与样片表面反应, 抑制了上下样片间 Cu 原子的扩散, 从而降低了键合质量。

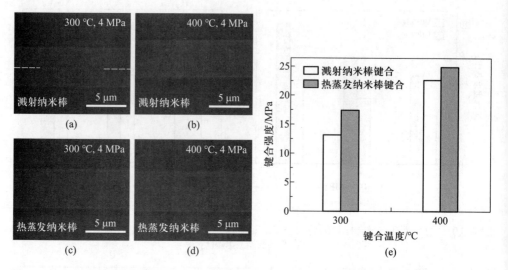

图 2.11　Ar 保护气氛下键合截面 SEM 图以及样片剪切强度: (a) 溅射纳米棒在 300 ℃、4 MPa 时键合; (b) 溅射纳米棒在 400 ℃、4 MPa 时键合; (c) 热蒸发纳米棒在 300 ℃、4 MPa 时键合; (d) 热蒸发纳米棒在 400 ℃、4 MPa 时键合; (e) Ar 保护气氛下键合样片的剪切强度

2.3.2.3　基于 Cu 纳米棒在还原气氛下的 Cu–Cu 键合

在前面的键合研究中, 我们发现 O 元素的存在会很大程度地降低键合质量, Ar 保护气氛下键合能有效防止空气中氧气与样片发生反应。在 2.2 节关于 Cu 纳米棒的研究中, 我们知道 Cu 纳米棒具有很高的表面活性, 在室温下就能与空气中的氧气反应生成一层极薄的氧化层, 这些 O 元素的存在也会影响后续实验的键合质量。因此在本节实验中, 我们在混合还原性气氛下进行键合实验, 以期还原原始样片表层的 O 元素并提高键合质量。实验所用混合气体成分为 95% Ar 和 5% H_2, 流量设定为 100 sccm, 键合压力和键合时间均为 4 MPa 和 1 h, 键合温度降低至 200 ℃ 和 250 ℃, 并将未沉积纳米棒的样片也应用于键合作为对比。200 ℃ 键合截面如图 2.12a ~ c 所示, 可以看到, 未沉积纳米棒的样片上下两层明显错开, 说明样片完全没有实现键合, 热蒸发和溅射纳米棒的键合样片截面形貌相似, 纳米棒阵列结构烧结熔合 (白色箭头所指), 纳米棒键合层中间有明显弯曲状的裂缝, 说明此时 Cu 原子的扩散依然较弱, 虽然纳米棒结构烧结而消失, 但键合层没有紧密结合。键合温度升至 250 ℃ 时的键合截面形貌如图 2.12d ~ f, 图 2.12d 和 e 右上角插图为键合界面的局部放大图。未沉积纳米棒键合样片的截面形貌与图 2.12b 和 c 相似, 键合层中间存在弯曲状裂缝, 裂缝弯曲幅度相对后者很小。图 2.12e 为溅射纳米棒样片 250 ℃ 键合时的截面形貌, 纳米棒结构消失, 也无法观察到纳米棒烧结结构, 在键合界线处存在一些孔洞 (如方框和放大插图所示), 说明此时 Cu 原子扩散程度相对于无纳米棒结构键合更强, 但依然存在孔洞滞留的缺陷。热蒸发纳米棒在相同条件下的键合截面如图 2.12f, 整个键合区域不存在任何裂缝或孔洞缺陷, 上下样片紧密结合在一起, 说明 Cu 原子充分扩散。

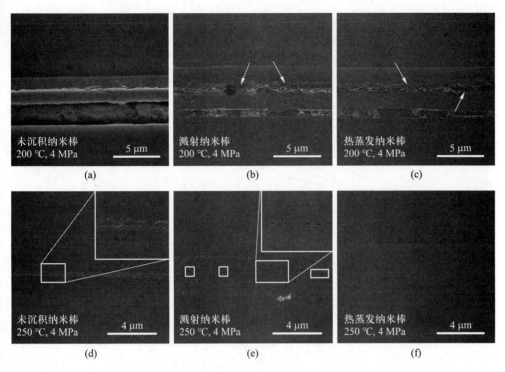

图 2.12 Ar/H$_2$ 还原性气氛下键合截面形貌 SEM 图: (a) 未沉积纳米棒样片在 200 ℃、4 MPa 时键合; (b) 溅射纳米棒样片在 200 ℃、4 MPa 时键合; (c) 热蒸发纳米棒样片在 200 ℃、4 MPa 时键合; (d) 未沉积纳米棒样片在 250 ℃、4 MPa 时键合; (e) 溅射纳米棒样片在 250 ℃、4 MPa 时键合; (f) 热蒸发纳米棒样片 250 ℃、4 MPa 时键合

我们也将三种在 Ar/H$_2$ 还原性气氛和不同温度下的键合样片进行剪切强度测试, 结果如图 2.13 所示。键合温度为 200 ℃ 时, 各样片的 Cu 原子扩散不充分, 键合强度都低于 10 MPa; 键合温度为 250 ℃ 时, 未沉积纳米棒的样片键合强度依然低于 10 MPa, 而溅射和热蒸发纳米棒样片的键合强度则分别达到 11 MPa、14.3 MPa, 这与 SEM 截面形貌观察结果相符。我们将键合温度继续提高至 300 ℃ 和 400 ℃ 进行剪切强度测试。可以看到, 两种沉积纳米棒键合样片的强度都要大于未沉积纳米棒样片的, 说明将纳米棒沉积引入键合促进了原子扩散, 增强了键合质量。整体上, 键合强度随键合温度的提高而增强, 热蒸发纳米棒键合样片的强度大于溅射纳米棒样片的, 与前文中真空键合或 Ar 保护气氛下键合样片的强度变化趋势相一致, 说明热蒸发纳米棒阵列的 Cu 原子扩散更加充分, 纳米棒键合层熔合更加紧密。还原性气氛下, 键合温度为 300 ℃ 时, 溅射和热蒸发纳米棒样片的键合强度为 17.8 MPa 和 21.5 MPa, 分别大于相同温度下两者在 Ar 保护气氛下的键合强度 13.3 MPa 和 17.5 MPa。键合温度为 400 ℃ 时也有相同的结果, 两者的键合强度分别达到 33.5 MPa 和 39.7 MPa, 说明 Ar/H$_2$ 还原性气氛下键合进一步促进了 Cu 原子的扩散, 提高了键合质量, 也证实了我们在实验之前的设想, 即在还原性气氛下进行键合能还原原始样片上附着的 O 元素, 可进一步提高键合质量。

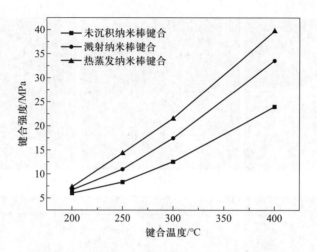

图 2.13 Ar/H_2 还原性气氛下键合的剪切强度

2.4 Cu 纳米线的制备工艺研究

除了前面研究的 Cu 纳米棒外, 其他纳米结构同样可能具有高表面活性的特性, 本节我们将给出一种低温、无模板直接制备 Cu 纳米线的新工艺, 并将其创新性地应用于 Cu–Cu 键合, 以降低键合温度, 提高键合质量。

目前报道较多的在基底上直接制备 Cu 纳米线的方法是模板合成法。模板合成法以具有纳米柱状孔的薄膜为模板, 结合电化学沉积, 溶胶–凝胶, 或气相沉积技术在模板孔内形成所需的纳米结构。多孔阳极氧化铝 (AAO)(Lee 等, 2007; Thongmee 等, 2008)、共聚物模板 (Taberna 等, 2006) 以及胶束软模板 (Murphy 等, 2002) 是目前使用较多的几种模板。模板合成法具有可控性强、效率高等优点, 但需要额外的工艺将模板与制备的纳米结构分离, 增加了工艺难度且可能会破坏制备的纳米结构。其他无需模板的在基底上直接合成 Cu 纳米线的方法主要包括真空气相沉积 (Liu 等, 2003)、热辅助的光致还原法 (Tung 等, 2008) 以及热还原法 (Han 等, 2011) 等。这些方法一般要求在较高温度 (甚至高达 800 ℃) 合成, 但是高温的引入往往无法满足目前低的热预算以及某些温度敏感器件的应用需求。我们提出一种低温 (200 ℃ 以下)、无模板直接合成 Cu 纳米线的新工艺, 如图 2.14 所示, 即在电镀 Cu 的表面利用水热法生长 $Cu(OH)_2$ 纳米线, 并以 $Cu(OH)_2$ 纳米线热分解得到 CuO 纳米线, 以氢热还原得到 Cu 纳米线, 具体工艺流程包括:

(1) 在清洁的硅片表面依次沉积黏附层和种子层后, 利用电镀工艺在种子层表面沉积一层厚度约 4 μm 的 Cu 层。

(2) 配置 $(NH_4)_2S_2O_8$ 和 NaOH 的混合溶液 (庄贞静, 2005; Huang 等, 2012), 将电镀 Cu 的基片放入室温下的混合溶液中静置, 不同样片的溶液浓度配比和静置时间汇总于表 2.1。

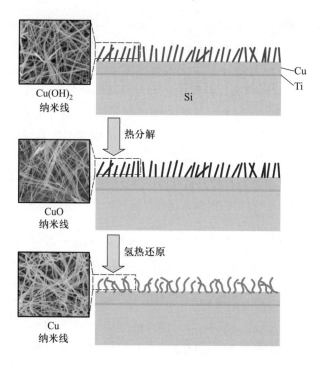

图 2.14 Cu 纳米线合成的工艺流程示意图

表 2.1 $(NH_4)_2S_2O_8$ 和 NaOH 混合溶液的浓度配比以及样片静置时间

组别序号	$(NH_4)_2S_2O_8$ 浓度/(mol/L, M)	NaOH 浓度/(mol/L, M)	时间 /min
1−1	0.01	0.25	20
1−2	0.01	0.25	30
2−1	0.015	0.375	20
2−2	0.015	0.375	30
3−1	0.02	0.5	20
3−2	0.02	0.5	30
4−1	0.03	0.75	20
4−2	0.03	0.75	30
5−1	0.05	1.25	20
5−2	0.05	1.25	5
6−1	0.1	2.5	10
6−2	0.1	2.5	5

(3) 将生长有 Cu(OH)$_2$ 纳米线的基片放入退火炉中, 通入 Ar 保护气体, 气体流量为 200 sccm, 加热至 180 ℃ 并保温 3 h, 让 Cu(OH)$_2$ 纳米线充分热分解为 CuO 纳米线, 加热结束后使样片在退火炉中自然冷却至室温后关闭气体, 待气体完

全排出炉管后取出样片。

(4) 将 CuO 纳米线的样片再次放入退火炉中, 通入高纯 H_2 作为还原性气体, 将 CuO 纳米线还原为 Cu 纳米线。为了观察 CuO 纳米线在不同温度和加热时间下的还原效果, 我们将加热温度分别设置为 150 ℃ 和 200 ℃, 加热时间分别设置为 1 h、2 h、3 h, 对 CuO 纳米线进行氢热还原, 气体流量为 100 sccm。

电镀 Cu 的基片放入 $(NH_4)_2S_2O_8$ 和 NaOH 的混合溶液后, 首先 Cu 与混合溶液中的两种物质发生反应生成 $Cu(OH)_2$ 纳米线, 当 NaOH 含量较高时, $Cu(OH)_2$ 继续与 NaOH 反应生成 CuO, 因此不同溶液浓度和反应时间下得到的产物也有差别, 整个过程的反应式为 (Chaudhary 等, 2011):

$$Cu + 4NaOH + (NH_4)_2S_2O_8 \rightarrow Cu(OH)_2 + 2Na_2SO_4 + 2NH_3 \uparrow + 2H_2O \quad (2.1)$$

$$Cu(OH)_2 + 2OH^- \rightarrow Cu(OH)_4^{2-} \leftrightarrow CuO + 2OH^- + H_2O \quad (2.2)$$

图 2.15 为表 2.1 前 6 组样片 (1–1、1–2、2–1、2–2、3–1、3–2) 的纳米结构在 SEM 下的表面形貌, 其中, 右上角插图为局部放大图。当 $(NH_4)_2S_2O_8$ 和 NaOH 溶液浓度分别为 0.01 M[①] 和 0.25 M, 反应时间为 20 min 时 (样片 1–1), 纳米线在基底排列较为稀疏, 直径约为 100 ∼ 300 nm (图 2.15a); 保持溶液浓度不变, 增加反应时间至 30 min (样片 1–2), 纳米线直径没有明显变化, 生长密度有所增加, 但仍没有布满整个基底 (图 2.15b); 随后将 $(NH_4)_2S_2O_8$ 和 NaOH 溶液浓度分别增加至 0.015 M 和 0.375 M, 20 min 后 (样片 2–1) 纳米线明显变得致密并均匀覆盖了整个基底, 纳米线直径有了明显减小 (图 2.15c); 保持溶液浓度不变, 反应时间增加至 30 min (样片 2–2), 纳米线密度进一步增加, 直径相对样片 2–1 没有明显变化 (图 2.15d); 增加 $(NH_4)_2S_2O_8$ 和 NaOH 的溶液浓度至 0.02 M 和 0.5 M, 反应时间为 20 min (样片 3–1) 和 30 min (样片 3–2) 的纳米线生长结果与样片 2–1 和 2–2 的类似 (图 2.15e 和 f)。

图 2.16 为表 2.1 后 6 组样片 (4–1、4–2、5–1、5–2、6–1、6–2) 的纳米结构在 SEM 下的表面形貌, 其中, 右上角插图为局部放大图。当 $(NH_4)_2S_2O_8$ 和 NaOH 溶液浓度继续增加至 0.03 M 和 0.75 M, 反应时间为 20 min 时 (样片 4–1), 纳米线仍可以铺满整个基底, 但少量纳米线出现微米尺度团簇现象, 我们将此团簇结构称为纳米花 (图 2.16a); 增加反应时间至 30 min (样片 4–2), 纳米花数量出现一定程度的增加 (图 2.16b); 继续增加 $(NH_4)_2S_2O_8$ 和 NaOH 溶液浓度至 0.05 M 和 1.25 M, 20 min 后 (样片 5–1) 整个基底布满纳米花, 而纳米线数量急剧减少 (图 2.16c); 反应时间减小至 5 min (样片 5–2), 纳米花和纳米线数量都随反应时间的减少而减少, 但纳米花并没有完全消失 (图 2.16d); 当 $(NH_4)_2S_2O_8$ 和 NaOH 溶液浓度增加至 0.1 M 和 2.5 M, 反应 10 min 后 (样片 6–1), 大量纳米花和零星数

---

① 1 M = 1 mol/L, 后同。

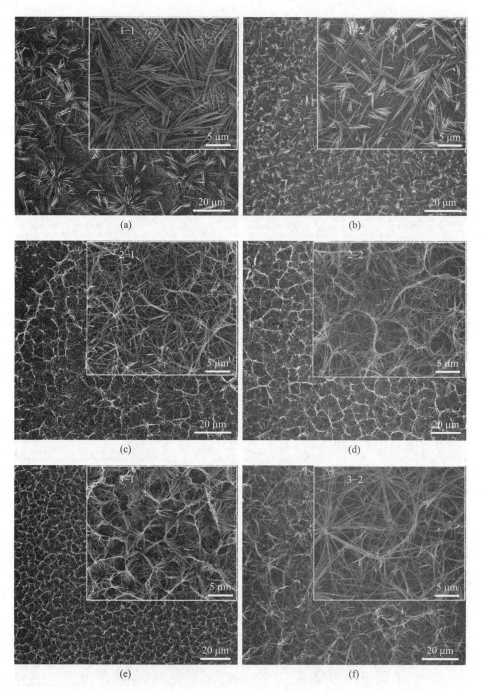

图 2.15 不同溶液浓度和反应时间下的 Cu(OH)$_2$ 纳米线形貌, 右上角插图为局部放大图: (a) 0.01 M (NH$_4$)$_2$S$_2$O$_8$+ 0.25 M NaOH, 20 min; (b) 0.01 M (NH$_4$)$_2$S$_2$O$_8$+ 0.25 M NaOH, 30 min; (c) 0.015 M (NH$_4$)$_2$S$_2$O$_8$+ 0.375 M NaOH, 20 min; (d) 0.015 M (NH$_4$)$_2$S$_2$O$_8$+ 0.375 M NaOH, 30 min; (e) 0.02 M (NH$_4$)$_2$S$_2$O$_8$+ 0.5 M NaOH, 20 min; (f) 0.02 M (NH$_4$)$_2$S$_2$O$_8$+ 0.5 M NaOH, 30 min

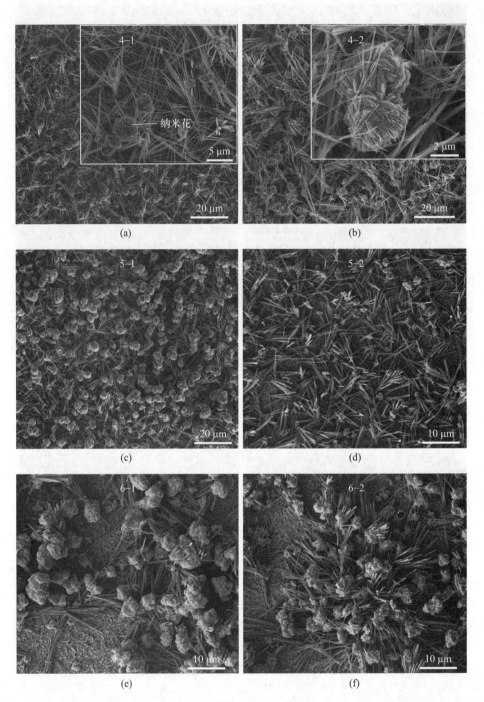

图 2.16 不同溶液浓度和反应时间下的 Cu(OH)$_2$ 纳米线形貌，右上角插图为局部放大图：
(a) 0.03 M (NH$_4$)$_2$S$_2$O$_8$+ 0.75 M NaOH，20 min; (b) 0.03 M (NH$_4$)$_2$S$_2$O$_8$+ 0.75 M NaOH，30 min; (c) 0.05 M (NH$_4$)$_2$S$_2$O$_8$+1.25 M NaOH，20 min; (d) 0.05 M (NH$_4$)$_2$S$_2$O$_8$+1.25 M NaOH，5 min; (e) 0.1 M (NH$_4$)$_2$S$_2$O$_8$+ 2.5 M NaOH，10 min; (f) 0.1 M (NH$_4$)$_2$S$_2$O$_8$+ 2.5 M NaOH，5 min

量纳米线分布在基底上 (图 2.16e); 将反应时间缩短至 5 min (样片 6-2), 仍有大量纳米花存在 (图 2.16f)。

综合以上结果, 我们发现, 当 $(NH_4)_2S_2O_8$ 和 NaOH 溶液浓度分别在 0.02 M 和 0.5 M 或以下时, 基底上可实现均匀分布的纳米线结构, 且纳米线随着溶液浓度和反应时间的增加而逐渐变得致密; 当 $(NH_4)_2S_2O_8$ 和 NaOH 溶液浓度分别在 0.03 M 和 0.75 M 或以上时, 纳米线出现团簇, 形成纳米花结构, 且随着溶液浓度和反应时间的增加, 纳米花数量增加, 而纳米线数量下降; 此外, 值得注意的是, 样片 2-1、2-2、3-1、3-2 的纳米线直径均比其他样片纳米线的直径要小一些。我们知道, 纳米结构尺寸越小, 其表面活性越高, 相变转化温度越低, 也就越有利于低温互连的实现。样片 2-1、2-2、3-1、3-2 得到的纳米线直径相对较小, 且在基底分布均匀, 没有大尺寸纳米花生成, 均可以满足要求。这里选用样片 2-1 进行后续热分解和还原工艺, 以制备 Cu 纳米线。

为了确认纳米花成分组成, 利用金相显微镜和 XRD 分别对样片 2-1、4-1 和 5-1 进行表征, 结果如图 2.17 所示。其中, 图 2.17a 为样片 2-1 的纳米结构在金相显微镜下观察到的形貌, 图中箭头所指的线状结构即为 $Cu(OH)_2$ 纳米线。利用 XRD 对此样片进行晶相结构表征, 如图 2.17b, 只有 Cu 和 $Cu(OH)_2$ 的衍射峰被检测到, 其中 Cu 衍射峰对应电镀的 Cu 基底, $Cu(OH)_2$ 衍射峰对应 $Cu(OH)_2$ 纳米线。样片 4-1 在金相显微镜下的形貌如图 2.17c 所示, 除了线状结构外, 还出现一些黑色的点状结构, 这些点状结构尺寸在微米量级, 与图 2.16a 对应的 SEM 图像进行对比, 我们推测此黑色结构为纳米线团簇形成的纳米花。该样片的 XRD 图谱如图 2.17d 所示, $Cu(OH)_2$、CuO 和 Cu 的衍射峰均被检测到, 其中 Cu 衍射峰对应电镀的 Cu 基底, $Cu(OH)_2$ 衍射峰对应 $Cu(OH)_2$ 纳米线, 而 CuO 衍射峰对应纳米花结构, 这一结果证实了金相显微镜下观察到的黑色点状结构为 CuO 纳米花。图 2.17e 为样片 5-1 在金相显微镜下观察到的形貌, 可以看到, 基底大部分区域被黑色纳米花覆盖, 纳米线所占区域明显缩小, 这与图 2.16c 的 SEM 结果相符。该样片对应的 XRD 图谱如图 2.17f, 只检测到 Cu 和 CuO 对应的衍射峰, 没有检测到 $Cu(OH)_2$ 的衍射峰, 说明 $Cu(OH)_2$ 纳米线数量急剧减少, 导致其信号强度远远低于 Cu 和 CuO 的。以上结果再次证实了我们得到的纳米线组成为 $Cu(OH)_2$, 而纳米花的组成为 CuO。

接下来我们针对样片 2-1 得到的 $Cu(OH)_2$ 纳米线进行更加详细的形貌表征, 如图 2.18。其中, 图 2.18a 为 $Cu(OH)_2$ 纳米线在较大放大倍数下的 SEM 图像; 图 2.18b 为单根 $Cu(OH)_2$ 纳米线的 TEM 图像, 其插图为纳米线对应的选区电子衍射 (selected area electron diffraction, SAED) 图像。可以看到, 水热法生长的 $Cu(OH)_2$ 纳米线较为笔直, 在合适的反应溶液浓度和时间下纳米线直径为 $50 \sim 100$ nm。其对应的 SAED 图像符合多晶的 $Cu(OH)_2$ 纳米线, 但其结晶性不是很好, 因此衍射图样的信号较弱。

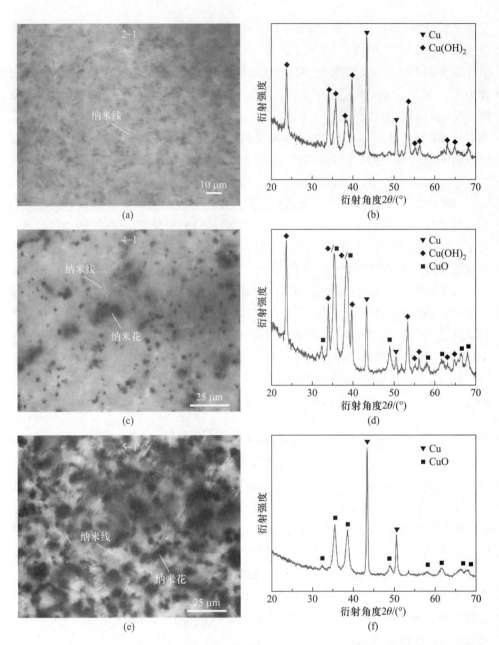

图 2.17　不同样片对应的纳米结构在金相显微镜下的形貌及 XRD 图谱: (a) 样片 2–1 的形貌; (b) 样片 2–1 的 XRD 图谱; (c) 样片 4–1 的形貌; (d) 样片 4–1 的 XRD 图谱; (e) 样片 5–1 的形貌; (f) 样片 5–1 的 XRD 图谱

将生长有 $Cu(OH)_2$ 纳米线的样片在退火炉中加热, $Cu(OH)_2$ 纳米线热分解为 CuO 纳米线, 其反应式为:

$$Cu(OH)_2 \rightarrow CuO + H_2O \tag{2.3}$$

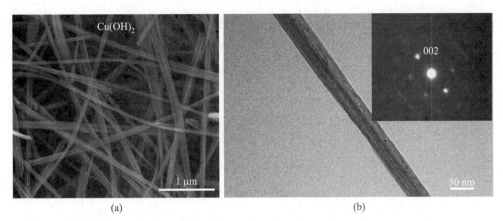

(a) (b)

图 2.18 Cu(OH)$_2$ 纳米线的表征: (a) Cu(OH)$_2$ 纳米线在 SEM 下的形貌; (b) 单根 Cu(OH)$_2$ 纳米线在 TEM 下的形貌, 右上角插图为 Cu(OH)$_2$ 纳米线的 SAED 图像

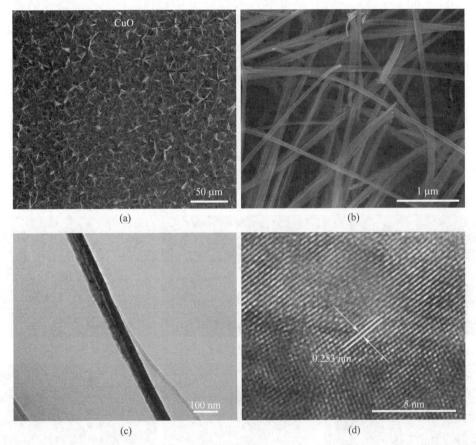

(a) (b)

(c) (d)

图 2.19 热分解后得到的 CuO 纳米线形貌: (a) 低倍 SEM 下的 CuO 纳米线形貌; (b) 高倍 SEM 下的 CuO 纳米线形貌; (c) TEM 下的单根纳米线形貌; (d) 纳米线的高分辨 TEM 图像

图 2.19 为热分解后得到的 CuO 纳米线形貌。低倍 SEM 下可以看到 CuO 纳米线致密地分布在基底上 (图 2.19a); 增加 SEM 放大倍数后可清楚地观察到 CuO 纳米线的形貌相比于 Cu(OH)$_2$ 纳米线没有明显的变化, 直径为 50 ~ 100 nm

(图 2.19b)。单根纳米线的 TEM 图像如图 2.19c, 加热后纳米线仍较为笔直, 没有发生明显弯曲。高分辨 TEM 图像显示, 热分解后的 CuO 纳米线结晶性良好, 测量的条纹间距为 0.253 nm, 对应 CuO 的 (002) 晶面间距 (图 2.19d), 证实了 $Cu(OH)_2$ 纳米线完全分解为 CuO 纳米线。

将热分解得到的 CuO 纳米线样片放入退火炉中, 通入 H_2 进行还原, 反应过程分为两个阶段: 首先 CuO 与 H_2 反应生成 Cu_2O; 其次 Cu_2O 继续与 H_2 反应生成 Cu。整个过程的反应式为:

$$2CuO + H_2 \rightarrow Cu_2O + H_2O \tag{2.4}$$

$$Cu_2O + H_2 \rightarrow 2Cu + H_2O \tag{2.5}$$

图 2.20 分别为金相显微镜下观察到的生长有 $Cu(OH)_2$ 纳米线的样片 (图 2.20a)、CuO 纳米线的样片 (图 2.20b) 以及 CuO 纳米线样片在不同还原温

图 2.20　金相显微镜下不同样片的形貌: (a) $Cu(OH)_2$ 纳米线的样片; (b) CuO 纳米线的样片; (c ~ h) CuO 纳米线样片在不同还原温度和时间下得到的样片。其中, (c) 150 ℃, 1 h; (d) 150 ℃, 2 h; (e) 150 ℃, 3 h; (f) 200 ℃, 1 h; (g) 200 ℃, 2 h; (h) 200 ℃, 3 h

度和时间下得到的样片 (图 2.20c～h)。通过颜色可以初步对样片还原情况进行判断。可以看到, Cu(OH)$_2$ 纳米线样片呈现蓝色, 与常规 Cu(OH)$_2$ 粉末颜色一致; CuO 纳米线样片呈现黑色, 与常规 CuO 粉末颜色一致, 而不同还原温度和时间下得到的样片则呈现不同的颜色。其中, 还原温度为 150 °C, 加热时间为 1 h 时, 样片颜色相对 CuO 的黑色略有变浅, 但没有呈现 Cu$_2$O 或 Cu 的金属红色 (图 2.20c), 说明此时 H$_2$ 的还原作用很微弱; 当还原温度为 150 °C, 加热时间为 2 h 时, 样片开始变红, 但仍有黑色的混合色 (图 2.20d), 说明此时 H$_2$ 有一定的还原作用, 但还没有达到完全还原的程度; 当还原温度为 150 °C, 加热时间为 3 h 时, 还原效果更加明显, 样片呈现红色 (图 2.20e), 但无法判断生成的是 Cu$_2$O 还是 Cu, 需结合其他检测手段进一步分析; 当加热温度增加至 200 °C, 加热时间为 1 h 时, 样片已经呈现金属红色 (图 2.20f); 延长加热时间至 2 h (图 2.20g) 和 3 h (图 2.20h), 与加热时间 1 h 相比, 颜色没有太大变化, 因此需要结合其他检测手段来判断 CuO 纳米线样片是否完全还原为 Cu 纳米线。

为了分析图 2.20 中各样片的还原情况, 我们利用 SEM 的能谱分析功能对样片进行元素检测, 通过检测样片有无 O 元素来判断还原程度, 结果如图 2.21 所示。由于图 2.20c 的样片颜色明显不是 Cu 的颜色, 说明此温度和加热时间下 (150 °C, 1 h) 样片没有被完全还原, 因此这里只针对其余呈现金属 Cu 红色的样片进行分析。图 2.21a 为还原温度 150 °C、还原时间 2 h 的样片能谱分析结果, 由于各个样片的能谱结果只体现在 O 元素含量的不同, 因此对能谱图中包含 O 元素的一段放大, 结果如图 2.21b～f。需要说明的是, 样片中检测到的 Cu 元素含量包含还原得到的 Cu 纳米线以及电镀的 Cu 基底。当还原温度为 150 °C, 还原时间为 2 h 时, O 元素峰值较高, 其含量约占 Cu 和 O 总量的 5.51%(图 2.21b), 说明此时 CuO 纳米线没有被完全还原; 当还原温度为 150 °C, 还原时间为 3 h 时, O 元素含量下降至 1.91%(图 2.21c), 说明随着还原时间的增加, O 元素含量变少, 还原程度增加, 但在该温度和时间下仍没有实现 CuO 纳米线的完全还原; 当还原温度增加至 200 °C, 还原时间为 1 h 和 2 h 时, O 元素含量分别为 3.14 %(图 2.21d) 和 1.08%(图 2.21e), 还原 3 h 后 O 元素含量成功降至 0, 说明 200 °C 还原 3 h 可以实现从 CuO 纳米线到 Cu 纳米线的完全转化。这一结果也验证了在 H$_2$ 气氛中将 CuO 纳米线还原为 Cu 纳米线的可行性。

图 2.22 为 200 °C 氢热还原 3 h 后得到的 Cu 纳米线形貌。低倍 SEM 观察到的 Cu 纳米线表面形貌如图 2.22a 所示, 断面形貌如图 2.22b 所示, 可以看出, 纳米线仍致密地分布在基底上, 整个纳米线层厚度约数微米。图 2.22c 和 d 分别为高倍 SEM 和 TEM 下的 Cu 纳米线形貌, 还原后纳米线直径仍小于 100 nm, 没有发生明显的长度变短或直径增大的现象, 说明 H$_2$ 对 CuO 纳米线进行低温还原后可以有效保留纳米线的形貌。图 2.22e 为纳米线的 SAED 图像, 此衍射花样与多晶 Cu 的衍射花样相符。图 2.22f 为纳米线的高分辨 TEM 图像, 测量的条纹间距分别为

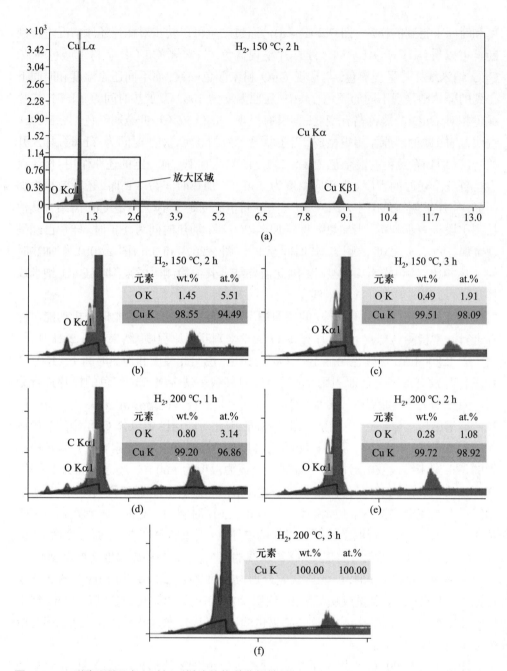

图 2.21 不同还原温度和时间下样片的能谱分析结果: (a) 150 ℃, 2 h; (b) 150 ℃, 2 h 的放大图; (c) 150 ℃, 3 h 的放大图; (d) 200 ℃, 1 h 的放大图; (e) 200 ℃, 2 h 的放大图; (f) 200 ℃, 3 h 的放大图

0.21 nm 和 0.18 nm, 对应 Cu 的 (111) 和 (200) 晶面间距, 以上结果再次证实在 200 ℃ 的温度下氢热还原 3 h 后 CuO 纳米线可成功转变为 Cu 纳米线。

我们对生长 $Cu(OH)_2$ 纳米线、CuO 纳米线、Cu 纳米线的样片, 以及电镀 Cu 的基底进行 XRD 测试, 结果汇总于图 2.23, 包括: (i) 电镀 Cu 基底上生长的

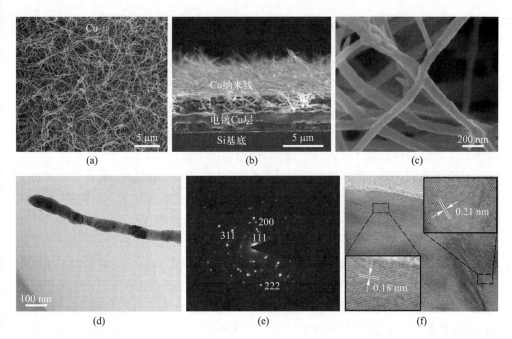

图 2.22 氢热还原得到的 Cu 纳米线形貌: (a) 低倍 SEM 下的 Cu 纳米线表面形貌; (b) 低倍 SEM 下的 Cu 纳米线断面形貌; (c) 高倍 SEM 下的 Cu 纳米线形貌; (d) TEM 下的单根 Cu 纳米线形貌; (e) Cu 纳米线的 SAED 图像; (f) Cu 纳米线的高分辨 TEM 图像

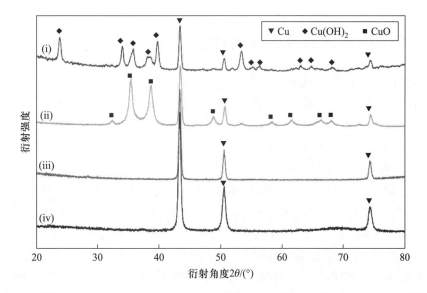

图 2.23 不同样片的 XRD 测试结果, 包括: (i) 电镀 Cu 基底上生长的 $Cu(OH)_2$ 纳米线样片; (ii) 电镀 Cu 基底上热分解得到的 CuO 纳米线样片; (iii) 电镀 Cu 基底上氢热还原得到的 Cu 纳米线样片; (iv) 电镀的 Cu 基底

$Cu(OH)_2$ 纳米线样片; (ii) 电镀 Cu 基底上热分解得到的 CuO 纳米线样片; (iii) 电镀 Cu 基底上氢热还原得到的 Cu 纳米线样片; (iv) 电镀的 Cu 基底。从图中我们看到, 对于谱线 (i), 只检测到对应 $Cu(OH)_2$ 和 Cu 的衍射峰, 其中, $Cu(OH)_2$ 的衍射峰

对应水热生长的 Cu(OH)$_2$ 纳米线, 而 Cu 的衍射峰则对应电镀的 Cu 基底。对于谱线(ii), 只检测到对应 CuO 和 Cu 的衍射峰, 其中 Cu 的衍射峰仍对应电镀的 Cu 基底, 而 Cu(OH)$_2$ 的衍射峰已经完全消失, 这一结果也进一步证实了在 180 ℃ 的 Ar 环境中对 Cu(OH)$_2$ 纳米线加热 3 h 生成的产物为 CuO 纳米线。对于谱线(iii), 除了图中标识的 4 个 Cu 的衍射峰, 没有检测到其他物质的衍射信号, 说明氢热还原后的产物为 Cu 纳米线, 没有出现还原不充分生成中间产物 Cu$_2$O 的情况。对于谱线 (iv), 同样只检测到 Cu 的衍射峰, 对应电镀的 Cu 基底。

已有文献对 CuO 纳米线的氢热还原做过研究, 他们使用的还原温度为 400 ℃ (Han 等, 2011) 或 200 ℃(Lee 等, 2012)。当还原温度为 400 ℃ 时, CuO 纳米线可以被完全还原成 Cu 纳米线, 但与 Cu 纳米线的形貌相比, Cu(OH)$_2$ 纳米线和 CuO 纳米线的有较大变化, 具体表现为原来笔直的纳米线发生坍塌, 变成波浪状结构, 长度明显变短, 直径明显变大; 当还原温度为 200 ℃ 时, CuO 纳米线不能被完全还原为 Cu 纳米线, 仍有少量 O 元素被检测到, 且还原后纳米线仍出现了长度变短以及直径明显变大的现象。作者在 200 ℃ 时利用 H$_2$ 对 CuO 纳米线进行了还原, 成功地将 CuO 纳米线完全还原为 Cu 纳米线且没有形貌上的明显变化, 这一低温操作满足了目前半导体工业对于低的热预算的需求, 同时制备的小直径 Cu 纳米线也更加有利于后续键合应用中互连温度的降低。

2.5 Cu 纳米线的退火烧结特性

为了探索 Cu 纳米线应用于低温键合的可行性, 首先针对 Cu 纳米线的低温熔化行为进行研究。将带有 Cu 纳米线的样片分别在 Ar 和 H$_2$ 气氛中退火, 退火过程在退火炉中进行。Ar 气氛退火时, 退火温度分别为 350 ℃、400 ℃、450 ℃、500 ℃, 退火时间为 1 h; H$_2$ 气氛退火时, 退火温度分别为 300 ℃、350 ℃、400 ℃、500 ℃, 退火时间同样为 1 h。

图 2.24 为 Ar 气氛中不同退火温度下的 Cu 纳米线形貌。退火温度为 350 ℃ 时, Cu 纳米线的形貌相对退火前未发生明显变化 (图 2.24a); 退火温度升高至 400 ℃ 时, 纳米线形貌发生了非常明显的变化, 表现为纳米线长度变短, 直径增大, 数量大幅度减少, 且有少量纳米颗粒形成, 这些现象说明纳米线发生了明显表面熔化 (图 2.24b); 继续增加退火温度至 450 ℃, 纳米线形貌与退火温度为 400 ℃ 时的类似 (图 2.24c); 退火温度为 500 ℃ 时, 纳米线完全消失, 仅有少量纳米颗粒残留在基底上 (图 2.24d), 说明在此温度下纳米线表面熔化程度更加剧烈, 同时更多的内部原子参与熔化, 导致纳米线消失并形成颗粒状结构。

把退火气氛从保护性气体 Ar 改为还原性气体 H$_2$ 时, 纳米线在更低的温度下发生了表面熔化, 结果如图 2.25 所示。退火温度为 300 ℃ 时, 纳米线形貌没有发生明显变化 (图 2.25a); 但当退火温度升高至 350 ℃ 时, 纳米线开始出现长度变短、

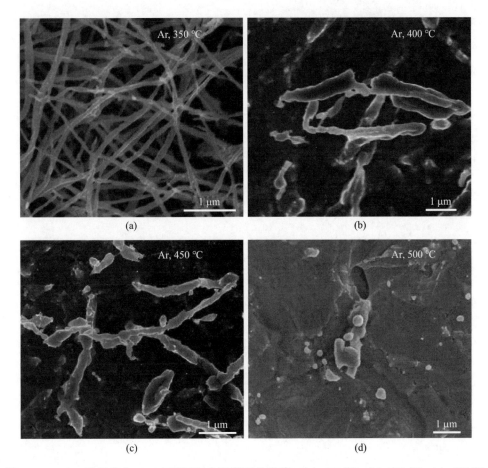

图 2.24　Cu 纳米线在 Ar 中不同退火温度下的形貌: (a) 350 ℃; (b) 400 ℃; (c) 450 ℃; (d) 500 ℃

直径增加且分布稀疏的现象, 说明在此温度下纳米线已经出现表面熔化 (图 2.25b); 随着温度进一步增加至 400 ℃, 纳米线的表面熔化行为变得更加明显, 纳米线分布更加稀疏 (图 2.25c); 最后我们将退火温度增加至 500 ℃, 只有极少的纳米颗粒分布在基底上, 纳米线已经完全消失 (图 2.25d)。

　　我们知道, 块体 Cu 的熔点约为 1 083 ℃, 而 Cu 纳米线可以在比块体 Cu 熔点低很多的温度下发生表面熔化, 这主要是由于 Cu 纳米线的比表面积较大, 其表面原子数量相对于块体 Cu 的要大很多, 而表面原子更容易从它们的原始位置脱离出来发生表面熔化, 从而导致 Cu 纳米线的熔化温度大幅降低。纳米线的低温熔化特性为其应用于低温键合提供了理论依据。另外, 我们在实验中发现 Cu 纳米线在还原性气氛中拥有更低的表面熔化温度 (H_2 气氛下出现表面熔化的温度为 350 ℃, 而 Ar 气氛下出现表面熔化的温度为 400 ℃), 这一结论提示我们, 在还原性气氛中进行键合可能获得更低的键合温度或更高的键合质量。

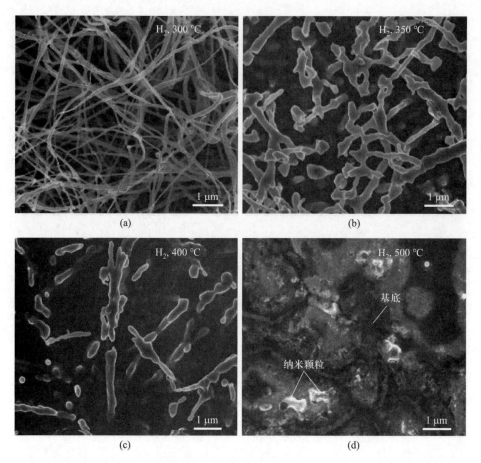

图 2.25　Cu 纳米线在 H_2 中不同退火温度下的形貌: (a) 300 ℃; (b) 350 ℃; (c) 400 ℃; (d) 500 ℃

2.6　基于 Cu 纳米线的 Cu–Cu 键合

将氢热还原得到的 Cu 纳米线应用于 Cu–Cu 键合, 其键合过程的示意图如图 2.26 所示。具体工艺流程包括:

(1) 在清洁的硅片表面依次沉积黏附层和种子层后, 利用电镀工艺在种子层表面沉积一层厚度约 4 μm 的 Cu 层。

(2) 利用水热法在电镀的 Cu 基底表面生长 $Cu(OH)_2$ 纳米线, 随后进行热分解、氢热还原, 得到 Cu 纳米线。

(3) 使用切片机将样品切割为 3 mm×3 mm 的小片, 将切割后的样片放入热压键合机中进行键合。研究不同键合温度 (400 ℃、300 ℃、250 ℃、200 ℃、150 ℃) 和不同键合压力 (10 MPa、20 MPa、40 MPa) 下的键合结果, 键合时间为 1 h。

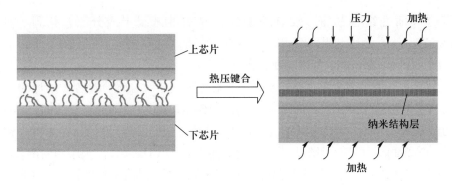

图 2.26 基于 Cu 纳米线的 Cu-Cu 键合示意图

(4) 使用有机树脂对部分键合样片进行镶样后, 对样片的断面结构进行研磨和抛光, 以方便后期的观察和分析。

(5) 使用多功能推拉力机 (4000PLUS, Nordson) 对键合样片进行推拉力测试, 获得键合样片的剪切强度。

图 2.27 为键合温度 300 ~ 400 ℃ 下键合界面的 SEM 形貌。当键合温度为 400 ℃ 时, 不同键合压力 (10 ~ 40 MPa) 下均得到结合紧密的键合面, 没有观测到原始厚度为数微米的纳米线层, 界面处也没有发生分层或孔洞等缺陷 (图 2.27a ~ c); 将键合温度降低至 300 ℃, 键合结果与 400 ℃ 时的类似, 不同压力 (10 ~ 40 MPa)

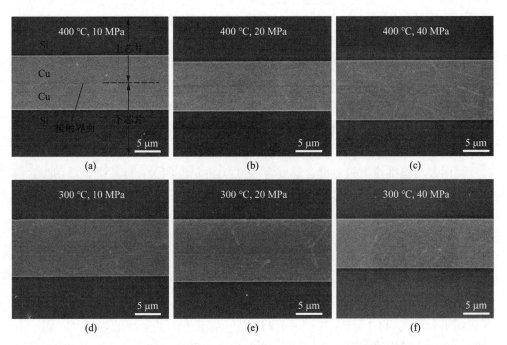

图 2.27 不同键合温度 (300 ~ 400 °) 和压力 (10 ~ 40 MPa) 下键合界面的 SEM 形貌:
(a) 400 ℃, 10 MPa; (b) 400 ℃, 20 MPa; (c) 400 ℃, 40 MPa; (d) 300 ℃, 10 MPa; (e) 300 ℃, 20 MPa; (f) 300 ℃, 40 MPa

下键合界面处结合紧密，没有观察到明显的纳米线层或分层、孔洞等缺陷
(图 2.27d ~ f)。上述结果表明，基于 Cu 纳米棒的 Cu–Cu 键合在 300 ~ 400 ℃ 键
合温度下原子扩散充分，可以实现紧密结合。

为了进一步对键合界面进行分析，观察 Cu 纳米线在键合过程中的形貌变化，
我们利用聚焦离子束 (focused ion beam, FIB) 对 400 ℃、40 MPa 的键合界面进
行切割减薄，并使用 FIB–SEM 和 TEM 对减薄的样品进行观测，结果如图 2.28
所示。图 2.28a 为 FIB 切割并进行适当减薄后利用 FIB–SEM 观察到的键合界面
形貌，与图 2.27f 中切割前的形貌相比，经 FIB 减薄后结合紧密的键合面中间出现
两条数百纳米厚度的细条状结构。图 2.28a 右上角插图为该细条状结构的放大图，
可以看到，细条状结构由多个紧密连接的纳米颗粒组成，我们称这一细条状结构为
Cu 纳米结构层。这一结果说明，键合过程中由于温度和压力的作用，原本排列疏松
的纳米线发生充分的原子扩散并转化为紧密结合的纳米颗粒。此外，纳米结构层中
存在数个宽度约 10 nm 的孔洞，这主要是由于基底合成的 Cu 纳米线之间存在很
多孔隙，键合过程中绝大部分的孔隙由于温度和压力的作用被消除，但仍有极少的
孔隙没有被完全消除，从而形成了键合后纳米结构层中可观察到的孔洞。这些孔洞
对键合质量的影响还需要结合其他检测手段如键合界面的强度测试来判断。

利用 TEM 对图 2.28a 右上角插图中纳米结构层的区域 A (纳米结构层内部)
和区域 B (电镀 Cu 层和纳米结构层界面) 进行分析。图 2.28b 为纳米结构层区域
A 的 TEM 形貌，可以清晰地看到紧密结合的纳米颗粒，纳米颗粒直径约为 50 nm。
图 2.28c 为纳米颗粒的高分辨 TEM 形貌，测量的条纹间距为 0.21 nm，对应 Cu
的 (111) 晶面间距，证实纳米线在转变为纳米颗粒时只是结构上发生了变化，成分
组成没有发生任何变化。图 2.28d 为纳米结构层中区域 B 的 TEM 形貌，其中左
侧结构为电镀的 Cu 层，右侧结构为 Cu 纳米颗粒，电镀 Cu 层与纳米结构层的连
接同样非常紧密，其界面在图中用白色的点予以标识。图 2.28e 为电镀 Cu 晶粒的
SAED 图像，规则排列的点阵亮斑说明选区内的体 Cu 表现为单晶结构，衍射图像
中可以测得 Cu 的 (220)、(111)、(331) 晶面间距。

利用多功能推拉力机对键合温度为 300 ~ 400 ℃ 的键合样片进行剪切强度测
试，结果汇总于图 2.29。总体上，键合温度越高，压力越大，得到的键合界面剪切
强度也就越高。键合温度为 400 ℃ 时，不同键合压力下的最低剪切强度已经超
过 30 MPa，其中键合压力为 40 MPa 时对应的剪切强度超过 44.4 MPa (超过推拉
力机的最大推力范围)，说明此键合温度下原子扩散得非常充分，键合界面结合紧
密。键合温度为 300 ℃、压力为 10 ~ 20 MPa 时，测得的剪切强度相对于 400 ℃
时的有所下降，但最低键合强度仍高于 15 MPa；压力为 40 MPa 时对应的剪切强
度达到了最高的 44.4 MPa。这一结果证实了基于 Cu 纳米线的 Cu–Cu 键合在
300 ~ 400 ℃ 时能够实现可靠性连接，同时也说明键合后在纳米结构层中形成的宽
度数十纳米的孔洞并没有对键合质量产生较大影响。

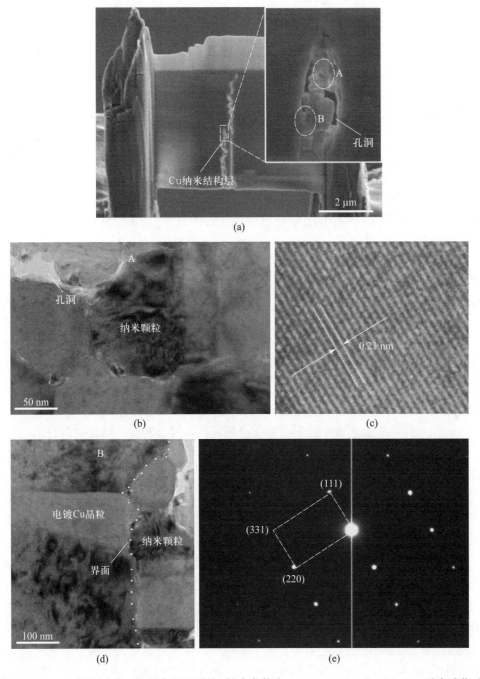

图 2.28 FIB 切割减薄后的键合界面形貌 (键合条件为 400 ℃, 40 MPa): (a) FIB 适当减薄后的键合界面 FIB–SEM 形貌, 右上角插图为 Cu 纳米结构层的放大图; (b) Cu 纳米结构层内部的 TEM 形貌; (c) Cu 纳米颗粒的高分辨 TEM 图像; (d) 电镀 Cu 层与 Cu 纳米结构层界面的 TEM 形貌; (e) 电镀 Cu 晶粒的 SAED 结果

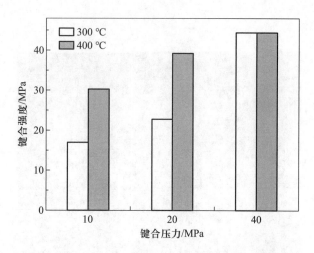

图 2.29 键合温度为 $300 \sim 400\,℃$ 键合样片的剪切强度测试结果

图 2.30 为更低键合温度 $(150 \sim 250\,℃)$ 和键合压力 $(10 \sim 40\,\text{MPa})$ 下键合界面的形貌。当键合温度为 $250\,℃$, 键合压力为 $10\,\text{MPa}$ 时, 键合界面处有一层厚度约 $8\,\mu\text{m}$ 且包含很多小孔洞的纳米结构层, 该纳米结构层显然是样片表面生长的纳米线经温度和压力作用后的结构 (图 2.30a)。增加键合压力至 $20\,\text{MPa}$ 和 $40\,\text{MPa}$, 纳米结构层厚度分别减至 $4\,\mu\text{m}$ (图 2.30b) 和 $200\,\text{nm}$ (图 2.30c), 说明随着压力的增加, 纳米结构层逐渐变得致密。键合温度降至 $200\,℃$(图 $2.30\text{d} \sim \text{f}$) 和 $150\,℃$(图 $2.30\text{g} \sim \text{i}$) 时, 不同压力下键合界面形貌与 $250\,℃$ 时的类似, 均表现出键合压力越大, 纳米结构层厚度越小, 孔洞数量越少, 且结构越致密。为了研究低温下 Cu 纳米线在键合过程中的形貌变化并将其与高温下的键合结果进行对比, 我们利用 TEM 对键合温度为 $150\,℃$, 键合压力为 $40\,\text{MPa}$ 的键合界面进行观察, 结果如图 2.30j 所示。与高温下的键合结果类似, 低温 $(150\,℃)$ 下键合结束后 Cu 纳米线仍转化为纳米颗粒, 并形成 Cu 纳米结构层, 不同的是, 低温下纳米结构层中的孔洞相对高温下的要大一些 (宽度约 $50\,\text{nm}$)。图 2.30k 为纳米颗粒的能谱分析结果, 只有对应 Cu 的峰被检测到, 说明低温下的纳米颗粒成分仍为 Cu。

键合温度为 $150 \sim 250\,℃$ 时的样片剪切强度测试结果汇总于图 2.31。样片的键合强度仍大致遵循键合温度越高, 压力越大, 键合强度也越高的规律。与图 2.29 中键合温度为 $300 \sim 400\,℃$ 时的数据对比, 我们发现在 $150 \sim 250\,℃$ 时键合强度有一个明显的下降, 这主要是与温度降低导致 Cu 纳米线以及电镀 Cu 层的原子活性降低, 原子扩散程度减弱, 且 Cu 纳米结构层产生的孔洞变大有关。幸运的是, 当键合压力为 $40\,\text{MPa}$ 时, 不同温度下样片的键合强度均超过了 $15\,\text{MPa}$, 说明低温下外界压力对于键合质量有较大的提升作用。因此, 在低温下 $(150 \sim 250\,℃)$ 要想实现可靠的 Cu–Cu 互连, 需要适当提高键合的外界压力。

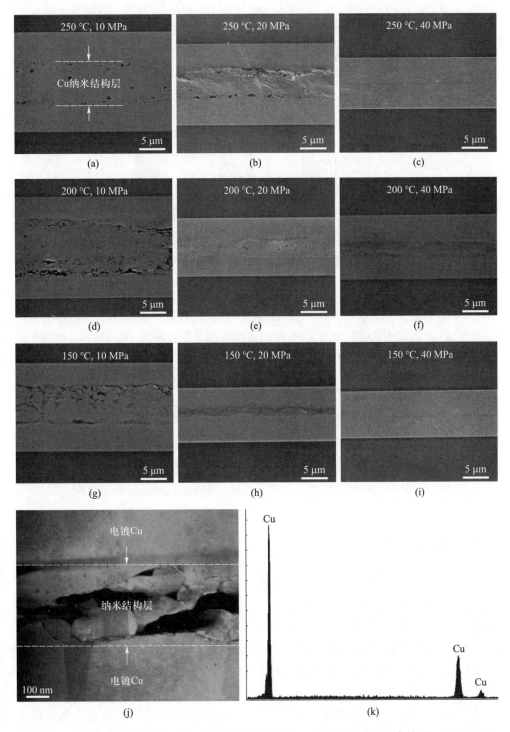

图 2.30 不同键合温度 (150 ~ 250 ℃) 和压力 (10 ~ 40 MPa) 下的键合结果: (a) 250 ℃、10 MPa 下的 SEM 图像; (b) 250 ℃、20 MPa 下的 SEM 图像; (c) 250 ℃、40 MPa 下的 SEM 图像; (d) 200 ℃、10 MPa 下的 SEM 图像; (e) 200 ℃、20 MPa 下的 SEM 图像; (f) 200 ℃、40 MPa 下的 SEM 图像; (g) 150 ℃、10 MPa 下的 SEM 图像; (h) 150 ℃、20 MPa 下的 SEM 图像; (i) 150 ℃、40 MPa 下的 SEM 图像; (j) 150 ℃、40 MPa 下的 TEM 图像; (k) 纳米颗粒的能谱分析结果

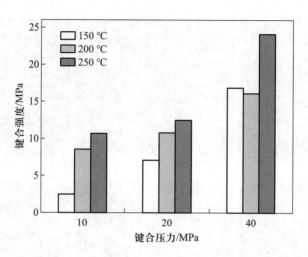

图 2.31　键合温度为 150 ∼ 250 ℃ 时键合样片的剪切强度测试结果

2.5 节的退火实验已经证实, Cu 纳米线可以在比体 Cu 熔点低很多的温度下发生表面熔化, 这说明激活原子扩散所需的温度得到了大幅降低 (Lewis 等, 1997), 因此低温下 Cu 纳米线也可以拥有比体 Cu 更强的原子扩散能力, 这是 Cu 纳米线实现低温键合的理论依据。除了引入 Cu 纳米线外, 外界提供的键合压力和温度也是影响键合质量的重要因素。当键合温度为 300 ∼ 400 ℃ 时, 电镀 Cu 层与 Cu 纳米线的原子活性均得到增强, 原子扩散较为充分; 当键合温度为 150 ∼ 250 ℃ 时, 相对更低的温度减弱了 Cu 原子的扩散能力, 与此同时, 纳米线的疏松排列成为外界压力的有效传递介质, 从而有效促进原子扩散, 这也是低温时纳米线仍能转化为紧密结合的纳米颗粒且在较高外力下实现可靠键合的原因 (Wang 等, 2009)。

2.7　小结

本章针对面向三维封装的 Cu–Cu 键合技术, 成功开发了 Cu 纳米结构 (Cu 纳米棒、Cu 纳米线) 制备的新方法, 降低了互连熔点以及对键合共面性的要求, 从而实现了面向三维微互连的 Cu–Cu 及 Cu–Sn 低温键合。

(1) 利用倾斜沉积法制备 Cu 纳米棒时, 键合前的退火实验表明, 引入 Cu 纳米棒后金属间化合物 (intermetallic compound, IMC) 生长速率加快, 验证了纳米棒的引入可以加速原子扩散。将 Cu 纳米棒应用于低温 Cu–Cu 及 Cu–Sn 键合, 在 250 ∼ 400 ℃ 键合温度下实现了 Cu–Cu 的有效连接, 最高键合强度可达 39.7 MPa; 在 150 ∼ 300 ℃ 键合温度下实现了 Cu–Sn 的可靠连接, 并且将键合环境从保护气氛成功扩展到空气环境, 最高键合强度超过 44.4 MPa。

(2) 提出了一种低温、无模板直接合成 Cu 纳米线的新工艺, 包括水热法制备 $Cu(OH)_2$ 纳米线, 并将其在低温下热分解、氢热还原得到 Cu 纳米线。该方法具有工艺简单、操作温度低、不需要昂贵复杂设备等优势。随后研究了 Cu 纳米线在不同气氛下的低温熔化行为, 解释了其应用于低温 Cu–Cu 键合的理论机制。将 Cu 纳米线引入 Cu–Cu 键合, 探究了键合温度和压力等参数对界面微观组织形态及界面性能的影响规律, 最终在 150 ~ 400 ℃ 的键合温度下成功实现了有效的 Cu–Cu 连接, 最高键合强度超过 44.4 MPa, 验证了 Cu 纳米线应用于 Cu–Cu 键合的可行性。

第 3 章　基于金属纳米焊料的 Cu–Cu 键合技术

用焊料作为中间层以实现片间导通互连也是微电子封装中的常用技术。面对高性能、高密度、窄截距等封装需求,传统 Cu–Cu 键合工艺中使用的 Sn 基焊料在封装工艺以及服役稳定性上都面临很大的困难,如窄截距下 Sn 溢出,Sn 须造成短路、电迁移、热服役造成克肯达尔孔洞,等等。因此,使用高电导率、高热导率、优异抗电迁移能力及高机械强度的高性能互连材料来替代传统 Sn 基材料已成为一种必然的发展趋势。

得益于近年来纳米技术取得的快速发展,利用纳米材料的尺度效应来降低烧结温度,使高熔点、高性能互连材料 (Au、Ag、Cu 等) 在三维集成电路 (3D-IC) 封装应用中成为可能 (Buffat 等, 1976; Rostovshchikova 等, 2005; Alcoutlabi 等, 2005; Ding 等, 2009; Ju 等, 2015)。相比于 Cu 纳米材料, Ag 纳米材料的合成、收集及保存都要更加简单且稳定,并且 Ag 材料有相对较高的表面能,在相同纳米尺度下能实现更好的低温烧结。因此,在低温烧结、低温 Cu–Cu 键合等研究领域,Ag 材料的使用率远远高于 Cu 的 (Makrygianni 等, 2014; Li 等, 2014; Jo 等, 2014; Choi 等, 2015; Wang 等, 2015; Liu 等, 2015; Matsuhisa 等, 2015; Guo 等, 2015)。然而,作为一种高成本的资源匮乏型材料,大量使用 Ag 是不利于可持续发展战略的。

本章我们将以 Cu 纳米颗粒为主体,制备一系列纳米颗粒浆料,并研究其烧结及键合特性,给出相应的机理。

3.1　基于 Cu 纳米焊料的 Cu–Cu 键合

3.1.1　Cu 纳米焊料的制备

3.1.1.1　Cu 纳米颗粒合成

Cu 纳米焊料是能否实现高质量 Cu–Cu 键合最为关键的因素。制备合适的 Cu 纳米焊料, 重点在于制备合适的 Cu 纳米颗粒、选取合适的浆料以及调配合适的比例。本节所使用的 Cu 纳米颗粒由液相还原法制得。

液相还原法制备金属纳米颗粒是材料合成中最常见的方法之一 (Crooks 等, 2001; Wu 等, 2004)。此方法对实验设备要求低, 环境参数容易控制, 适合在实验室中进行基础研究。本节在合成 Cu 纳米颗粒时所使用的药品及供应厂家如下:

氢氧化铜: copper hydroxide, $Cu(OH)_2$, CP, 94%;

L-抗坏血酸: L-Ascorbic acid, 99.99%;

聚乙烯吡咯烷酮: polyvinyl pyrrolidone, PVP, K30;

一缩二乙二醇: diethylene glycol, DEG;

乙醇: ethanol, AR, $\geqslant$99.7%。

其中, 氢氧化铜与 L-抗坏血酸从上海阿拉丁生化科技股份有限公司购买, 聚乙烯吡咯烷酮从上海沃凯化学试剂有限公司购买, 其他药品从国药集团化学试剂有限公司购买。

选择 $Cu(OH)_2$ 作为 Cu 源, 一方面是因为 Cu 在 $Cu(OH)_2$ 中所占质量比较高, 会带来较高的产率; 另一方面, $Cu(OH)_2$ 被还原后, 不会带来有毒害的副产物, 有利于环保。抗坏血酸是还原 Cu 离子的一种常用还原剂, 无毒且反应温和, 易于控制 (Xiong 等, 2011; Dang 等, 2011; Zain 等, 2014)。聚乙烯吡咯烷酮 (PVP) 作为一种常用分散剂, 可以有效地防止 Cu 离子在还原过程中的团聚, 并且易于在还原的 Cu 纳米颗粒上形成一层保护膜, 起到一定的抗氧化作用 (Sarkar 等, 2008; Zhang 等, 2009)。一缩二乙二醇 (DEG) 是一种多元醇, 具有弱还原性质, 并且黏度较高。将 DEG 作为反应溶剂, 可以减缓 Cu 离子成核速度, 有效抑制团聚, 并且其弱还原性也能起到一定的抗氧化作用, 以得到纯度更高的 Cu 纳米颗粒。

Cu 纳米颗粒的合成分两步进行。首先, 将 0.5 g $Cu(OH)_2$ 与 1.5 g PVP 倒入圆底烧瓶中, 加入 40 mL DEG, 在油浴锅中加热至 100 ℃, 并用机械搅拌混合。与此同时, 将 3 g 抗坏血酸与 1.5 g PVP、40 mL DEG 在另一个油浴锅中也加热至 100 ℃, 并用用磁力搅拌在锥形瓶中进行混合。经过 40 min 搅拌均匀以后, 将锥形瓶中的混合溶液迅速倒入圆底烧瓶中, 温度保持不变。继续在 100 ℃ 搅拌 20 min, 则反应溶液由蓝色变成浑浊的褐红色, 反应完成。

将反应获得的浑浊溶液置于离心管中, 在 9 500 r/min 的速度下离心 30 min, 得到 Cu 纳米颗粒沉淀。去除上层清液以后, 用乙醇清洗 4 次, 得到纯净的 Cu 纳米颗粒, 以备使用。

3.1.1.2　Cu 纳米颗粒表征

关于 Cu 纳米颗粒的表征主要是成分分析与尺寸形貌观察两个方面。在成分分析中, 用到的设备主要是 X 射线衍射仪与傅里叶变换红外光谱仪 (Fourier transform infrared spectrometer, FTIR)。其中, X 射线衍射仪可用于测量晶体成分及构成, FTIR 可分析出各类有机官能团, 从而推测 Cu 纳米颗粒的表面残留物。在尺寸与形貌观察方面, 所用的主要设备是场发射扫描电子显微镜 (scanning electron microscope, SEM) 与高分辨透射电子显微镜 (transmission electron microscope, TEM)。使用 SEM 可以观察纳米材料的形貌及整体特征, 而 TEM 可进一步观察到纳米材料的微观特征以及晶粒特征等。

为获取更加清晰的 X 射线衍射 (X-ray diffraction, XRD) 能谱, 将 Cu 纳米颗粒与乙醇均匀混合后在玻璃样品槽中压实, 制备成 XRD 测试样品。图 3.1 展示的是由 X 射线衍射仪测试所得到的 Cu 纳米颗粒从刚合成到常规环境储存 15 d、30 d 及 180 d 时的成分情况。测试过程在室温下进行, 并用 Cu−Kα 射线完成了角度 2θ 在 20° 到 80° 的扫描。从曲线(i)可以得知, 对于合成后立即获得的 Cu 纳米颗粒, 其明显的特征峰出现在 43.47°、50.67°、74.68°, 这几个特征峰分别代表 Cu 单质的 (111), (200) 及 (220) 晶面。除此之外, 没有其他明显可见的特征峰, 这表明合成的 Cu 纳米颗粒是纯净的单质 Cu, 不含任何氧化成分。通过曲线(ii)可以观察到, 放置 15 d 后的 Cu 纳米颗粒呈现与刚合成的 Cu 纳米颗粒几乎相同的 XRD 曲线, 未见氧化现象产生。通过曲线(iii)和(iv)可以观察到, 在 36.65° 处出现了一个微弱的特征峰, 这个峰代表 Cu_2O 的 (111) 晶面。曲线中其他部分依然平滑。曲线特征说明, Cu 纳米颗粒在放置 30 d 后会出现轻微的氧化现象, 而在 180 d 后也未见氧

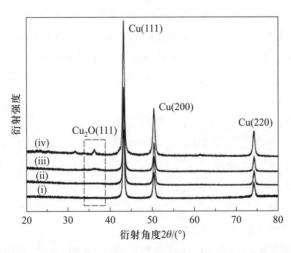

图 3.1　Cu 纳米颗粒在刚合成(i)、储存 15 d (ii)、储存 30 d (iii)以及储存 180 d (iv)时的 XRD 图谱

化程度更高的 CuO 或者大量的 Cu_2O 产生。上述结果表明, 用此方法制备的 Cu 纳米颗粒具有一定的抗氧化性。

　　图 3.2 展示的是用 FTIR 测试所收集到的 Cu 纳米颗粒粉末中的有机物残留情况。通过红外光谱分析可以观察到, 最明显的特征峰出现在 3 440 cm^{-1} 和 1 630 cm^{-1} 处, 分别代表羟基和羰基基团。可以推断, Cu 纳米颗粒表面含有还原剂残留的脱氢抗坏血酸的组成成分 (Sethia 等, 2004; Zhang 等, 2013)。此外, 2 924 cm^{-1} 处的特征峰代表亚甲基非对称伸缩振动, 1 326 cm^{-1} 处则代表亚甲基的弯曲。经推测, 这些测得的纳米颗粒表面的亚甲基基团应该是来自合成中所使用的分散剂 PVP。根据以上分析, 合成过程中的还原剂与分散剂在 Cu 纳米颗粒中继续残留, 形成了有机保护层, 起到了一定的抗氧化作用。

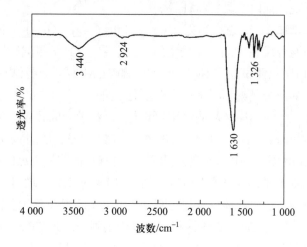

图 3.2　Cu 纳米颗粒的 FTIR 测试

　　为获得更好的观察效果, 我们将合成的 Cu 纳米颗粒粉末用乙醇超声分散后, 滴在 Cu 箔及 Cu 网上, 进行 SEM 与 TEM 测试。SEM 的测试结果如图 3.3a 所示。Cu 纳米颗粒在 Cu 箔上呈现均匀分散的形貌特征, 无任何团聚。颗粒的尺寸大小较为接近, 形状不统一。Cu 纳米颗粒的粒径是由 Nanomeasure 软件统计分析获得的, 统计结果如图 3.3b 所示。从图中可知, 纳米颗粒大小在 80 ~ 140 nm 之间, 平均在 100 nm 左右。

　　TEM 的测试结果如图 3.4 所示。从图 3.4a TEM 低分辨图可以看出, 与 SEM 下的观察类似, Cu 纳米颗粒为类球形, 但形状不规则。从图 3.4b TEM 高分辨图可以清晰地观察到 Cu 纳米颗粒边缘处的晶格条纹。由 TEM 分析软件可得, 晶格条纹所对应的 Cu 晶面间距为 0.208 nm, 正好对应 Cu 的 [111] 晶向 (Sethia 等, 2004; Zhang 等, 2013)。从此局部来看, 晶格条纹是稳定且统一的, 也从侧面印证了此纳米颗粒表面没有出现 Cu 的氧化物。

　　通过以上对 Cu 纳米颗粒成分及形貌的表征可知, 用本节合成方法所获得的 Cu 纳米颗粒具有均一分散性、高纯度、抗氧化等特性, 满足制备 Cu 纳米焊料的

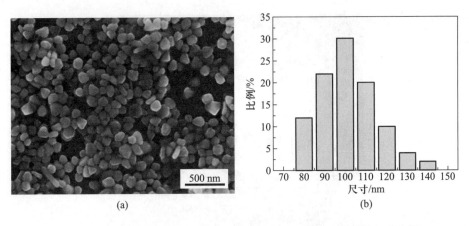

(a)　　　　　　　　　　(b)

图 3.3 (a) Cu 纳米颗粒的 SEM 测试图; (b) Cu 纳米颗粒的粒径分布图

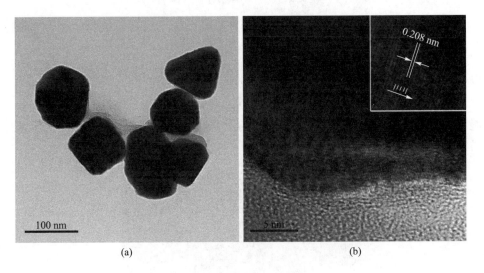

(a)　　　　　　　　　　(b)

图 3.4 低分辨 (a) 和高分辨 (b) 下 Cu 纳米颗粒的 TEM 测试图

基本条件。

3.1.1.3 Cu 纳米焊料调配

Cu 纳米焊料由 Cu 纳米颗粒粉末与有机溶剂均匀混合获得。为了得到均匀、稳定、可靠的 Cu 纳米焊料, 我们使用了真空脱泡搅拌机来完成混合工艺 (图 3.5)。不同于离心机, 真空脱泡搅拌机在绕轴心进行高速公转的同时, 还能进行自转, 并提供真空环境。这使得焊料在混合均匀的同时, 还能实现去除气泡, 防止氧化等功能。

本节制备 Cu 纳米焊料所用的有机溶剂为 N-甲基吡咯烷酮 (N-Methyl pyrroli-done, NMP)。NMP 是一种稳定性好、选择性强的极性溶剂, 具有毒性低、溶解力强、可回收利用等优点, 常用于工业中的涂料调配以及微能源器件中供涂覆工艺使用的功能材料的调配 (Wen 等, 2014; Bissett 等, 2016; Zackrisson 等, 2016)。大气压力下, NMP 的沸点为 203 ℃, 这使得用 NMP 混合制备的纳米焊料可在 200 ℃

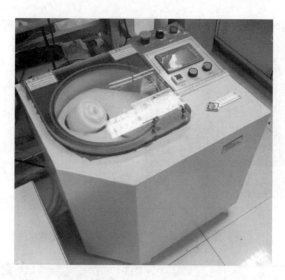

图 3.5　真空脱泡搅拌机

以上进行键合工艺时实现有机溶剂的无残留, 从而提供充分的金属间互连。

在 2 500 r/min 的真空脱泡搅拌机中将 60 wt.%Cu 纳米颗粒及 40 wt.% NMP 混合 5 min, 即可获得 Cu 纳米焊料。均匀混合的纳米焊料如图 3.6 所示, 以备烧结与键合研究时使用。

图 3.6　均匀混合后的 Cu 纳米焊料

3.1.2　Cu 纳米焊料的烧结特性研究

为研究 Cu 纳米焊料的烧结特性, 将 Cu 纳米焊料均匀涂覆在 Cu 片以及不导电的载玻片上, 以便观察烧结后纳米焊料的微观形貌变化以及电阻率变化。

烧结实验在管式炉中进行, 烧结过程中引入 H_2/Ar 混合气 (H_2 占 5% 的体积) 以抑制氧化物的产生。选择 250 ℃、300 ℃、350 ℃ 和 400 ℃ 4 组烧结温度进行实验对比, 实验进行 1 h 后, 将样片取出待测试。

图 3.7 展示了 Cu 纳米焊料经 250 ℃、300 ℃、350 ℃、400 ℃ 烧结后, 由 SEM 观察到的微观形貌变化。如图 3.7a 所示, 经 250 ℃ 烧结后, Cu 纳米颗粒表面出现熔化现象, 颗粒表面变得圆润, 棱角消失, 少部分颗粒之间形成了微弱的互连。当烧结温度上升至 300 ℃ 时, 熔化范围进一步扩大, 相邻的 Cu 纳米颗粒几乎都产生了颈连接现象。随着烧结温度上升至 350 ℃, 单个纳米颗粒的数量逐渐减少, 出现相邻 3 ~ 5 个纳米颗粒熔合成团的现象。最后, 经过 400 ℃ 烧结后, Cu 纳米颗粒出现了大面积熔化现象, 几乎所有的纳米颗粒都相互连接并熔合到一起。由此可见, 经过烧结, Cu 纳米颗粒出现了非常显著的形貌变化, 400 ℃ 的烧结温度也远低于 Cu 块体的熔点。

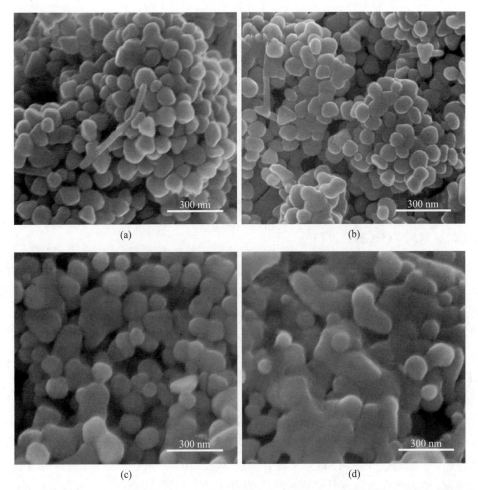

图 3.7 经 250 ℃ (a)、300 ℃ (b)、350 ℃ (c) 和 400 ℃ (d) 烧结 1 h 后, Cu 纳米焊料的形貌变化 SEM 图

图 3.8 展示的是经不同温度烧结后 Cu 纳米焊料烧结薄膜的电阻率变化曲线。当烧结温度为 250 ℃ 时, Cu 纳米焊料薄膜的电阻率为 235.2 μΩ·cm, 导电性相对较差; 当烧结温度为 400 ℃ 时, 薄膜电阻率下降至 12.9 μΩ·cm, 这个电阻率已十分优异, 还不到 Cu 块体电阻率 (1.75 μΩ·cm) 的 10 倍。结合所观察的 Cu 纳米焊料烧结形貌的变化情况, 说明 Cu 纳米颗粒更好的熔合现象能带来更加优异的导电性能。

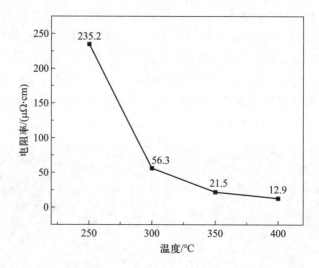

图 3.8　经不同温度烧结后 Cu 纳米焊料烧结薄膜的电阻率变化曲线

3.1.3　基于 Cu 纳米焊料的 Cu–Cu 键合特性研究

3.1.3.1　Cu–Cu 键合过程

如图 3.9 所示, Cu–Cu 键合实验样品由上下两块 Cu 基底与中间均匀涂覆的 Cu 纳米焊料层组成。首先, 准备大小两个不同型号的 Cu 片, 尺寸分别为 10 mm×10 mm×1 mm 与 5 mm×5 mm×1 mm。Cu 片需要打磨、抛光, 以提供更平整的待键合表面; 然后用稀盐酸与丙酮进行清洗, 去除表面氧化层和有机物。将调配好的 Cu 纳米焊料均匀涂覆在下 Cu 基底表面, 然后将上 Cu 基底覆盖在 Cu 纳米焊料层上, 则待键合的样片完成准备。

Cu–Cu 键合实验在热压机中完成。键合前, 先将待键合的样品置于热压机烧结仓中的热压板上, 然后封闭烧结仓并抽空仓内气体。在抽空气体之后, 引入 0.15 MPa 的 H_2/Ar 混合气 (大气压力的 1.5 倍), 并封闭在烧结仓内, 以提供抗氧化保护。实施键合工艺时, 首先将键合温度升至 220 ℃, 进行预处理, 使有机溶剂完全挥发, 然后将仓内温度升至键合所需的温度, 同时施加键合压力。键合 30 min 以后, 卸除键合压力, 在温度不变的情况下继续烧结 30 min, 巩固 Cu 纳米焊料与 Cu 基底之间的扩散。烧结完成后, 待冷却以实现 Cu–Cu 键合。为对比不同键合温度

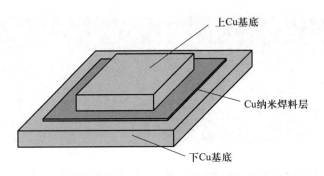

上Cu基底

Cu纳米焊料层

下Cu基底

图 3.9 Cu–Cu 键合样品示意图

及键合压力对 Cu–Cu 键合效果造成的影响, 将参与对比的键合温度设定为与烧结研究时同样的 250 ℃、300 ℃、350 ℃ 和 400 ℃, 并将键合压力设定为 20 MPa 和 40 MPa。

3.1.3.2 Cu–Cu 键合性能表征与分析

Cu–Cu 键合性能表征主要包含键合界面形貌表征及剪切强度测试。完整、紧实且扩散良好的键合界面可以实现优异的导电导热性能; 高键合强度可保证 Cu–Cu 连接的稳定性及可靠性。因此, 优良的键合界面特征及键合强度是实现高质量 Cu–Cu 键合的重要因素。

图 3.10 展示的是由 SEM 观察所得的 Cu–Cu 键合截面图, 该图反映了随键合温度的升高及键合压力的变大 Cu–Cu 键合界面的演变情况。

如图 3.10a 和 b 所示, 当键合压力为 20 MPa 时, Cu–Cu 键合在 250 ℃ 和 300 ℃ 下呈现较为松散的结构。纳米颗粒烧结不充分, Cu 纳米焊料层含大量缺陷, 并且焊料层与 Cu 基底之间也存在明显的缝隙, 结合不紧密。当键合温度上升至 350 ℃ 时, 纳米焊料层内的缺陷明显减少, 焊料层与 Cu 基底之间的缺陷也消失。在 400 ℃ 时, 可以明显地观察到 Cu 纳米焊料层的熔合现象, 裂纹消失, 仅存在少量孔隙。焊料层与 Cu 基底之间的界面变得模糊。这表明在 400 ℃ 的键合温度下, Cu 纳米焊料与 Cu 基底之间产生了良好的扩散, 形成紧密的互连。

当键合强度为 40 MPa 时, Cu–Cu 键合的界面变得更加紧密。当键合温度为 250 ℃ 时, 尽管松散的结构明显较 20 MPa 键合压力时的小, 但是由于烧结不充分, Cu 纳米颗粒的完整形貌在焊料层中依然明显。同样, 在 300 ℃ 时, 也存在很多的裂痕缺陷。当烧结温度上升至 350 ℃ 及 400 ℃ 时, 键合界面处的缺陷几乎完全消失, Cu 纳米焊料与 Cu 基底间也实现了充分的扩散, 形成一个整体。

因此, 更高的烧结温度可以实现更好的 Cu 扩散, 更高的键合压力则有助于形成更加紧实的键合界面。

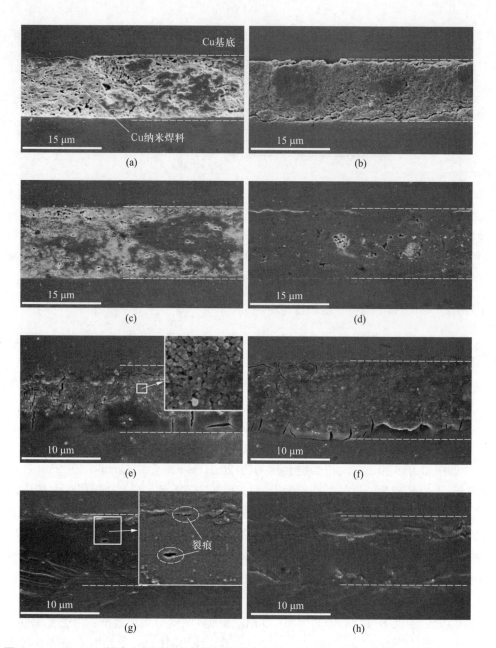

图 3.10　Cu-Cu 键合在不同键合条件下的键合截面 SEM 图: (a ~ d) 键合温度为 250 ℃、300 ℃、350 ℃、400 ℃, 键合压力为 20 MPa; (e ~ h) 键合温度为 250 ℃、300 ℃、350 ℃、400 ℃, 键合压力为 40 MPa

　　剪切强度测试的方法如图 3.11 所示。测试在微纳材料测试平台 (DAGE-4000Plus Bond) 进行, 测试推头的推进速度为 0.5 mm/min。当上 Cu 基底被推至脱落时测试终止, 期间记录该过程中的最大剪切力, 并换算成 Cu-Cu 键合的剪切强度。

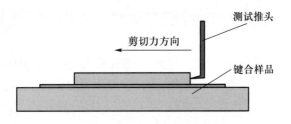

图 3.11 剪切强度测试示意图

同一键合温度与键合压力下的 Cu–Cu 键合样品各准备 6 组, 剪切强度取平均值, 测试结果如图 3.12 所示。由测试结果可知, 键合温度对剪切强度的影响起到了决定性的作用。当键合温度低于 300 ℃ 时, 不管是在 20 MPa 还是 40 MPa 的键合压力下, 剪切强度都在 10 MPa 以内, 远低于封装行业对机械强度的要求。而当键合温度达到 350 ℃ 及以上时, 剪切强度都在 20 MPa 以上, 并且最大强度达 35.68 MPa, 已经能满足基本使用要求。在同样的温度下, 更大的键合压力也能带来剪切强度的小幅度提升, 这说明键合温度对 Cu–Cu 扩散的影响较大, 键合压力也能起到加速扩散的作用。

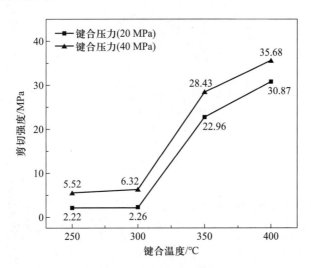

图 3.12 在不同键合温度与键合压力下获得的 Cu–Cu 键合剪切强度

3.1.4 键合机理及解释

Cu 纳米颗粒的烧结指的是在远低于 Cu 熔点的烧结温度下, Cu 纳米颗粒之间因原子扩散而产生的稳定互连现象。在一个相对较低的温度下, Cu 纳米颗粒间之所以能产生快速且稳定的扩散, 主要是因为纳米材料尺度效应的作用, 即当材料尺寸缩小到纳米尺度时, 纳米粒子表面层的原子密度也随之减小, 当减小到一定程度时, 材料的多项物理性质, 如电、磁、光、声、热等都会产生变化。正是因为 Cu 纳米颗粒在小尺度下的热学性质的变化, 增加了其在较低烧结温度下的扩散速率, 从而实现烧结。

尺度效应对扩散速率的影响首先体现在纳米颗粒的低温表面熔化特性上。纳米颗粒的表面熔化指的是在一定的激活能下, 固体颗粒表面附着的很薄的数层原子层有熔化的趋势, 呈现固液混合的现象。根据经典的晶体热力学模型, 当颗粒的半径大于 10 nm 时, 其表面熔化可以描述为 (Sun 等, 2007; Yang 等, 2014)

$$\frac{T_{\mathrm{m}}(r)}{T_{\mathrm{m}}(\infty)} = 1 - \frac{2V_{\mathrm{s}}[\gamma_{\mathrm{sl}}/(1-\delta/r) + \gamma_{\mathrm{lv}}(1-\rho_{\mathrm{s}}/\rho_{\mathrm{l}})]}{rH_{\mathrm{m}}} \tag{3.1}$$

式中, $T_{\mathrm{m}}(r)$ 表示对直径为 r 的纳米颗粒的加热温度; $T_{\mathrm{m}}(\infty)$、H_{m} 和 ρ 分别代表晶体块体材料的熔点、熔化焓及密度; V 代表晶体的原子体积; δ 代表熔化壳层的厚度 (图 3.13); γ 代表晶体在两种不同物理形态间的界面能。下角标 s, l 和 v 分别代表晶体的固态 (solid)、液态 (liquid) 和气态 (vapor)。

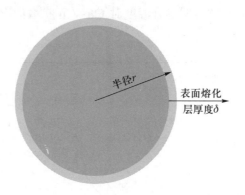

图 3.13　Cu 纳米颗粒表面熔化示意图

对于粒径较大的晶体而言, 还存在着 $\gamma_{\mathrm{sv}} - \gamma_{\mathrm{lv}} \approx \gamma_{\mathrm{sl}}$ 与 $\rho_{\mathrm{s}} \approx \rho_{\mathrm{l}}$ 的对应近似关系, 并且表面熔化层厚度 δ 相对于颗粒半径 r 可忽略不计, 因此式 (3.1) 可以进一步简化为

$$\frac{T_{\mathrm{m}}(r)}{T_{\mathrm{m}}(\infty)} = 1 - \frac{2V_{\mathrm{s}}\gamma_{\mathrm{sl}}}{rH_{\mathrm{m}}} \tag{3.2}$$

从式 (3.2) 可知, 要实现类似的表面熔化状态, 颗粒半径 r 与加热温度 $T_{\mathrm{m}}(r)$ 需呈正比关系, 即更小尺寸的晶体颗粒可以在更低的加热温度下产生表面熔化。

液态下的晶体原子相对于固态下的有更高的活跃度, 原子间扩散率也远远高于固态下的晶体原子。因此, 晶体颗粒的表面熔化能加速了纳米颗粒之间的烧结过程。

综上分析, 纳米颗粒间的烧结本质上是纳米颗粒间的扩散。烧结过程中, 颗粒间的扩散主要包含晶格扩散、颗粒表面扩散、穿透式晶间扩散以及晶界扩散 4 个部分, 如图 3.14 所示 (Greer 等, 2007; Yan 等, 2015)。晶体颗粒间的收缩及致密化的现象是由原子从颗粒间接触表面或者晶界处离开, 导致两个颗粒球心距离变得更近而产生的。这个过程中, 两个颗粒间颈连接处变得更宽, 同时其接触面积也相对增加。致密化现象主要是由晶界扩散与晶间扩散产生的, 而导致晶界扩散的激活能要远低于晶间所需的能量。因此, 暴露更多的晶界更加有助于低温烧结的产生。对于更小的颗粒尺寸或者更小的晶粒尺寸, 单位体积内晶界的数量会更多, 这也说明了更小的纳米颗粒间更易形成低温烧结, 与前文所分析的颗粒表面熔化现象的结论类似。当烧结温度可提供晶间扩散的激发能量时, 上述的 4 类扩散基本都能实现, 颗粒间收缩及致密化现象更加明显, 从而可实现高质量的烧结。

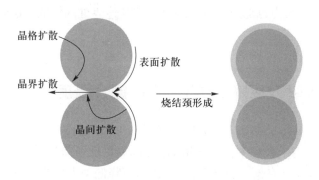

图 3.14 Cu 纳米颗粒间的烧结过程示意图

根据以上分析并结合实验观察, 我们可以推测, 在 250 ℃ 所制备的 Cu 纳米颗粒开始产生表面熔化, 但是表面熔化不够充分, 颗粒间扩散不明显。当烧结温度升至 300 ℃ 时, 便可为晶界扩散提供足够的激活能, 开始实现 Cu 纳米颗粒间的颈连接。当烧结温度进一步升高, 至 350 ℃ 以上时, 所有扩散路径均被激活, 从而实现大规模的熔合, 完成高质量的烧结。

根据前文分析的烧结理论, 基于 Cu 纳米焊料的 Cu–Cu 键合机理如图 3.15 所示。键合前, Cu 纳米焊料层中包含 Cu 纳米颗粒以及未挥发的有机溶剂。当温度上升至 200 ℃ 以上时, 制备纳米焊料时的有机溶剂几乎完全挥发, 温度继续上升, Cu 纳米颗粒间的烧结逐渐产生。烧结过程中, Cu 纳米颗粒表面伴随表面熔化现象, 呈现一定的表面流动性。在保持烧结温度的同时, 增加一定的键合压力, 会使表面熔化的 Cu 纳米颗粒结合得更加紧密, 并且其表面流动性能有效填补纳米颗粒间的孔隙。与此同时, 在 Cu 纳米焊料与 Cu 基底的接触界面处, 表面熔化的 Cu 纳米颗

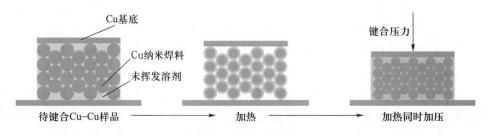

图 3.15 基于 Cu 纳米焊料的 Cu–Cu 键合机理

粒会加速其于基底之间的晶界扩散、表面扩散及晶间扩散, 从而实现紧密的互连。

结合前文对 Cu–Cu 键合界面的观察与 Cu–Cu 剪切强度的测试, 当键合温度增加时, 表面扩散、晶界扩散、晶间扩散会被逐步激活, Cu 纳米颗粒的收缩与致密化现象加剧, 颗粒表面熔化呈现的流动性更加明显, 有助于更加有效地填补纳米颗粒间的孔隙。400 ℃ 时, 伴随高质量的烧结可实现几乎无边界缺陷的 Cu–Cu 键合。另一方面, 键合压力的增加也会增加表面流动的纳米颗粒对孔隙的填充。例如, 同在 300 ℃ 的键合温度下, 40 MPa 下实现的键合就比 20 MPa 下的键合结构紧实。同时, 高键合压力也加速了 Cu 纳米颗粒与边界处的扩散, 实现了更高的剪切强度。

3.2　基于尺度效应降低 Cu–Cu 键合温度

由 3.1 节对晶体尺度效应的分析可知, 随纳米颗粒尺寸的减小, 暴露的晶界数量在单位体积的纳米颗粒中会随之增加, 而晶界扩散所需的激活能量则相对降低, 即越小的纳米颗粒具有越多的晶界数量, 从而可降低纳米颗粒之间的扩散温度。从表面熔化的角度来说, 当纳米颗粒尺寸减小时, 同样的表面熔化深度所占颗粒体积比升高, 即从整体角度而言, 纳米颗粒得到了更加充分的熔化。因此, 降低 Cu 纳米颗粒的尺寸是降低 Cu–Cu 键合温度的关键所在。

3.2.1　60 nm Cu 纳米颗粒合成及焊料制备

3.2.1.1　60 nm Cu 纳米颗粒的合成

基于尺度效应, 为研究更小 Cu 纳米颗粒对烧结及键合性能带来的影响, 本节改变了合成 Cu 纳米颗粒的 Cu 源以及还原剂, 以获得平均尺寸在 100 nm 以内的 Cu 纳米颗粒。

合成粒径在 60 nm 左右的 Cu 纳米颗粒所需实验材料如下:

五水合硫酸铜: $CuSO_4 \cdot 5H_2O$, AR, $\geqslant 99.0\%$;

次亚磷酸钠: $NaH_2PO_2 \cdot H_2O$;

聚乙烯吡咯烷酮: polyvinyl pyrrolidone, PVP, K30;

乙二醇: ethylene glycol, EG;

乙醇: ethanol, AR, $\geqslant 99.7\%$。

其中, 聚乙烯吡咯烷酮 (PVP) 从上海沃凯化学试剂有限公司购买, 其他药品均购自国药集团化学试剂有限公司。

$CuSO_4 \cdot 5H_2O$ 是合成 Cu 纳米颗粒的一种常用 Cu 盐 (Bashir 等, 2015; Zhou 等, 2015)。选用 $CuSO_4 \cdot 5H_2O$ 作为 Cu 源, 是因为 $CuSO_4 \cdot 5H_2O$ 在多元醇溶液中有较高的溶解度, 可以 Cu^{2+} 的状态在溶液中均匀分布, 以便于纳米颗粒的均匀

成核及生长。另一方面, $NaH_2PO_2 \cdot H_2O$ 被多次报道为一种无毒害、温和及高效率的还原剂, 且可制备出 100 nm 以下的 Cu 纳米颗粒 (Zhu 等, 2004; Wen 等, 2011)。因此, 本节采用 $CuSO_4 \cdot 5H_2O$ 与 $NaH_2PO_2 \cdot H_2O$ 的组合, 并以 PVP 作为分散剂, 在乙二醇 (EG) 中实现 Cu 纳米颗粒的合成。

合成过程中, 首先将 2 g $NaH_2PO_2 \cdot H_2O$、6 g PVP 以及 80 mL EG 置于一个 250 mL 的三口烧瓶中, 然后将此三口烧瓶置于油浴锅中, 再以 500 r/min 的角速度进行机械搅拌并加热至 90 ℃, 以制备还原溶液。与此同时, $CuSO_4$ 多元醇溶液的制备是将 1 g $CuSO_4 \cdot 5H_2O$ 与 20 mL EG 置于另一个烧杯中, 用磁力搅拌同样在 90 ℃ 下进行加热混合。搅拌 30 min 以后, 将 20 mL 的 $CuSO_4$ 多元醇溶液快速倒入三口烧瓶中, 并且将加热温度维持在 90 ℃, 继续进行搅拌。25 min 以后, 反应溶液由蓝色变为褐红色, 反应结束。在 9 500 r/min 的转速下离心 15 min, 即可获得 Cu 纳米颗粒, 再用去离子水与无水乙醇交替清洗 5 次, 以去除反应过程中的副产物。

3.2.1.2 Cu 纳米颗粒的表征及合成参数优化

由于较小的 Cu 纳米颗粒更容易产生团聚及氧化, 所以需要通过控制各类反应变量以获得高纯度高分散性的纳米颗粒。上述实验过程中所描述的反应时间和反应温度是结合 Cu 纳米颗粒的成分与形貌表征研究进行准确调控后实现的。

图 3.16 展示的是此合成反应全部完成所需的时间与反应温度的对应关系, 其下方的 SEM 图反映了不同温度下合成的 Cu 纳米颗粒的大致形貌。总体反应时间是由反应溶液的颜色完全变化到稳定褐红色的时间来确定的。随着反应温度的上升, 完全反应所需时间呈明显的下降趋势。当反应温度为 60 ℃ 时, 完成整个反应需要 180 min; 而当温度上升至 100 ℃ 时, 完成反应的时间缩短至 15 min。虽然反应温度的升高会减少反应时间, 提升合成效率, 但也会带来相应的副作用。在 100 ℃ 下, 反应溶液最后会出现深红色絮状物以及一些大颗粒沉淀, 而在更低温度下反应所得的溶液却是均匀分散的。图 3.16 下方的 SEM 图清晰地展示了这一副作用。从图中我们可以观察到, 当反应温度从 60 ℃ 上升至 90 ℃ 的过程中, 合成的 Cu 纳米颗粒形貌未见明显变化。而在 100 ℃ 的反应温度下, 则出现了粒径在 500 nm 以上的明显的硬团聚。这一现象正好解释了之前所观察到的深红色絮状物及沉淀。因此, 为了同时兼顾合成效率以及 Cu 纳米颗粒的分散性, 90 ℃ 的反应温度对此合成方法来说是较好的选择。

在确定此合成方法的反应温度之后, 我们还对反应时间作了讨论, 以便在最高效的前提下实现高纯度 Cu 纳米颗粒的合成。

图 3.17 展示的是在 90 ℃ 下经过不同反应时间获得的 Cu 纳米颗粒的 XRD 图谱。由曲线 (a) 可知, 在 43.47°, 50.67° 和 74.68° 处的 3 个明显的波峰分别代表 Cu 晶体的 (111), (200) 和 (220) 晶面, 而在 29.70°、36.59°、42.51° 和 61.68° 处的 4 个较弱的峰表明了 Cu_2O 的存在 (Azimi 等, 2014)。随反应时间的增加, Cu_2O 的

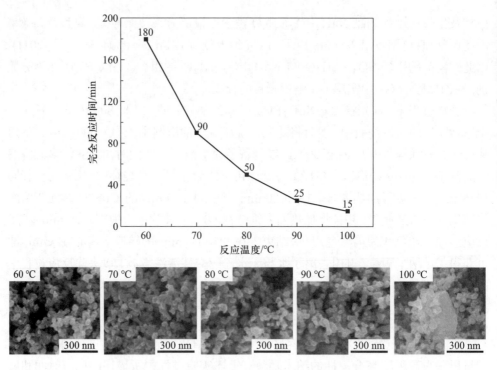

图 3.16　完全反应所需时间与温度的对应关系

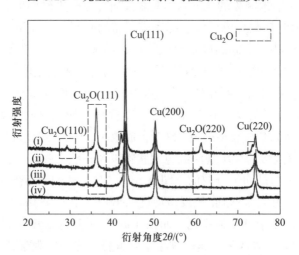

图 3.17　在 90 ℃ 下经过 15 min (i)、18 min (ii)、20 min (iii) 及 23 min (iv) 反应后得到的 Cu 纳米颗粒 XRD 图谱

特征峰越弱。当反应时间增加至 23 min 时，Cu_2O 的特征峰完全消失，所得到的 Cu 纳米颗粒为纯净的 Cu 晶体。但是，当反应时间增加至 30 min 以上时，也会出现一些副产物。经过一系列的对比后，我们可以得出，在 90 ℃ 的反应温度以及 25 min 左右的反应时间下，能以最高的合成效率得到高纯度均匀分散的 Cu 纳米颗粒。

　　Cu 纳米颗粒的形貌由 SEM 及 TEM 表征, 如图 3.18 所示。从图 3.18a 来看, 大量的 Cu 纳米颗粒均匀分散, 无明显的团聚产生。纳米颗粒基本上不单独存在, 而是与相邻的颗粒产生一定的互连, 且颗粒尺寸相对一致。这种纳米颗粒间微互连的产生, 可能是由于用此方法进行的合成反应会使 Cu 纳米颗粒有较强的表面活性, 从而在合成及收集的过程中产生相互吸附和扩散。图 3.18b 则展现了 Cu 纳米颗粒的高分辨图像, 可以观察到, Cu 纳米颗粒的形貌属于类球形, 并且表面相对圆润、无棱角, 单颗颗粒的尺寸均在 100 nm 以下。

图 3.18　Cu 纳米颗粒的 SEM 图 (a) 和 TEM 图 (b)

　　Cu 纳米颗粒的尺寸分布如图 3.19 所示。整体来说, 颗粒尺寸集中分布在 40 ~ 80 nm 之间。经计算, 颗粒的平均尺度为 60.5 nm 左右, 这一尺度要远小于第 2 章所提到的合成的 Cu 纳米颗粒平均粒径在 100 nm 左右, 有助于进一步阐明晶体纳米材料的尺度效应对低温烧结性能的影响。

3.2.1.3　Cu 纳米焊料的制备

　　随着 Cu 纳米颗粒尺寸的进一步减小, 本节将在更低温度下进行 Cu 纳米颗粒的烧结和键合研究。因此, 调配纳米焊料所使用的有机溶剂需要满足更低的挥发温度要求。

　　本节选择正丁醇作为制备 Cu 纳米焊料的有机溶剂, 因为正丁醇的沸点仅为 117.25 °C, 可在相对低的加热温度下完全挥发。室温下, 其黏度为 2.95 MPa·s, 远大于乙醇等易挥发溶剂的黏度值, 更适合用作调配浆料。纳米焊料由 60 wt.% Cu 纳米颗粒和 40 wt.% 正丁醇同样在真空脱泡搅拌机下以 2 500 r/min 的速度混合 5 min 而获得。最后, 将所获 Cu 纳米焊料储存, 以备后续研究使用。

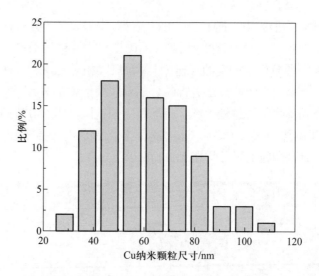

图 3.19　合成的 Cu 纳米颗粒的尺寸分布

3.2.2　Cu 纳米焊料的烧结特性研究

烧结样片的准备方法与 3.1.2 节中的相同。但是随着 Cu 纳米颗粒尺寸的减小，我们相应降低了烧结温度以进行研究。

本节的烧结实验依然在管式炉中进行。烧结环境为 Ar/H_2 混合气，烧结时间为 1 h。此次实验将烧结温度的研究范围降低至 $150 \sim 300\,°C$，并在烧结完成后观察 Cu 纳米焊料的形貌及电学特性变化。

图 3.20 展示了基于 60 nm Cu 纳米颗粒的 Cu 纳米焊料在经过 $150\,°C$、$200\,°C$、$250\,°C$ 及 $300\,°C$ 烧结后颜色上的转变。不同于 Cu 块体的面反射，粒径越小的纳米颗粒漫反射越严重，反射颜色越暗。因此，在室温下未经烧结的 Cu 纳米焊料呈现非常深的暗红色，并且失去了 Cu 的金属光泽。烧结后，Cu 纳米颗粒渐渐熔合，

彩图

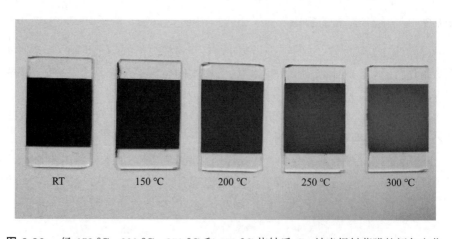

图 3.20　经 $150\,°C$、$200\,°C$、$250\,°C$ 和 $300\,°C$ 烧结后 Cu 纳米焊料薄膜的颜色变化

并且随着烧结温度的升高, 融合范围也逐渐增加, 烧结所得到的 Cu 纳米焊料薄膜的颜色逐渐变浅, 越来越接近 Cu 块体的颜色。

微观下 Cu 纳米焊料的烧结形貌如图 3.21 所示。经 150 ℃ 烧结后, Cu 纳米焊料中纳米颗粒的形貌与刚合成时变化不大, 与宏观下颜色基本无变化的论断相符。当温度上升至 200 ℃ 时, 纳米颗粒表面开始熔化, 相邻颗粒开始产生互连, 颗粒整体有变大的趋势。经 250 ℃ 烧结后, Cu 纳米颗粒的形貌变化明显, 小范围内相邻的纳米颗粒产生了明显的熔合, 熔合后的纳米颗粒粒径生长至 100 nm 以上。最后, 经 300 ℃ 烧结的 Cu 纳米焊料产生了大范围熔合, 所有的纳米颗粒几乎都发生熔合, 并且呈现出很强的流动性。微观形貌下纳米颗粒的熔合情况与宏观下 Cu 纳米焊料的颜色变化情况是相互对应的。

图 3.21 Cu 纳米焊料经 150 ℃ (a)、200 ℃(b)、250 ℃ (c) 及 300 ℃ (d) 烧结后的 SEM 图

Cu 纳米焊料烧结后的电学性能变化如表 3.1 所示。由于本节中所述的 Cu 纳米颗粒的低温烧结特性明显, 所以在经过烧结处理后纳米焊料的致密化及收缩现象明显, 导致焊料层的厚度随温度升高而减小。这一致密化现象可由 3.1.4 节中的键合机理进行解释。电阻率随温度的变化十分明显。当烧结温度为 150 ℃ 时, 由于烧

结后纳米颗粒形貌与原始形貌变化不大, 电学性能也没有呈现任何改进。用四探针无法测出 150 ℃ 烧结后的电阻率。经 200 ℃ 烧结后, Cu 纳米颗粒之间开始产生互连, 但不够充分, 电阻率可以被测到, 仅为 628.7 $\mu\Omega \cdot cm$。而当温度上升至 250 ℃ 以上时, 随着烧结行为越来越充分, 电学性能也得到了大幅度的提升。经 300 ℃ 烧结后, Cu 纳米焊料薄膜的电阻率降低至 12.0 $\mu\Omega \cdot cm$。这个电阻率非常优异, 约为 Cu 块体电阻率的 7 倍。

表 3.1　烧结后 Cu 纳米焊料的电学性能变化

测试项	测试值			
	150 ℃	200 ℃	250 ℃	300 ℃
焊料层厚度/μm	5.15	3.74	3.47	2.5
方阻/(mΩ · cm)	—	1681	450	48
电阻率/(μΩ · cm)	—	628.7	156.2	12.0

3.2.3　Cu–Cu 键合特性研究

与 3.1 节中所述方法相同, Cu–Cu 待键合样品由上下两块 Cu 基底与中间层 Cu 纳米焊料制备而成。鉴于 Cu 纳米焊料在 300 ℃、Ar/H$_2$ 混合气下优异的烧结熔合及流动特性, 本节内容主要考察了基于此纳米焊料在低键合压力下的键合性能。因此, 键合过程中, 键合样品的上下 Cu 基底由金属夹固定住并置于管式烧结炉中, 通入持续供应的 Ar/H$_2$ 混合气, 在 300 ℃ 下经 1 h 完成键合。经测力计测试, 实验中所用的金属夹可以为 Cu–Cu 键合样品提供约 1.08 MPa 的键合压力, 远低于 3.1 节所用的 20 MPa 及 40 MPa 的键合压力。

键合后, 继续对键合样品在 150 ℃ 下的空气中进行了 200 h 的老化测试, 以考察键合界面的紧实程度及可靠性。

图 3.22 展示的是经 300 ℃ 键合及老化测试的 Cu–Cu 键合界面 SEM 图。从图 3.22a 可以看出, 在 300 ℃ 的键合温度下, Cu 纳米焊料与上下两块 Cu 基底之间产生了非常明显的熔合。由于 Cu 纳米焊料在烧结过程中展现出极强的流动性, 使得 Cu–Cu 键合界面即便是在 1.08 MPa 的小键合压力下也非常紧实。Cu 纳米焊料层几乎难以观察到, 上下 Cu 基底及纳米焊料层在键合后熔为一体。图 3.22b 呈现的是键合界面的高倍 SEM 图。焊料层中几乎无缺陷, 仅存在少量的细小孔隙。在高倍数下, 焊料层与 Cu 基底的过渡界面依然未能清晰可见, 说明焊料层与 Cu 基底间产生了高效的扩散。如图 3.22c, 当 Cu–Cu 键合样品在 150 ℃ 下经过 200 h 恒温老化测试后, 键合界面的形貌特征与老化前相比几乎没有任何变化, 键合层依然紧实, 且无明显缺陷。

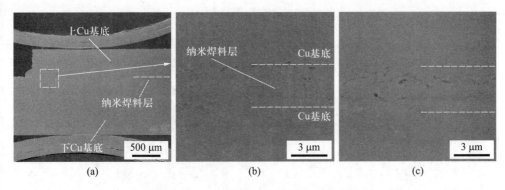

图 3.22 经 300 ℃、1 h 键合的 Cu–Cu 键合界面的低倍 (a) 和高倍 (b) SEM 图; (c) 经 150 ℃、200 h 老化后的 Cu–Cu 键合界面 SEM 图

Cu–Cu 键合样品及其老化样品的剪切强度测试结果如图 3.23 所示。经多组测试求其平均值, 在 300 ℃ 下实现的 Cu–Cu 键合可达 31.88 MPa 的剪切强度, 满足电子封装的使用需求。这一键合强度甚至超过了 3.1 节中在 400 ℃、20 MPa 下实现的键合强度。这说明本节所合成的 60 nm 粒径的 Cu 纳米颗粒具有高效的低温烧结特性, 可极大降低 Cu–Cu 键合温度与键合压力, 且键合强度高。经老化测试后, 键合样品的剪切强度又有了小幅度的提升, 达到 32.25 MPa, 展现出稳定的力学特性。

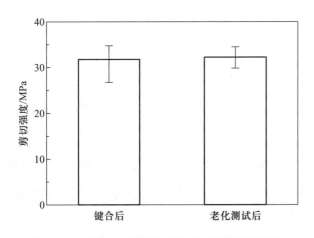

图 3.23 Cu–Cu 键合及老化测试后的剪切强度

图 3.24 展示的是 Cu–Cu 键合样品在老化测试前后, 经剪切力测试后的断面形貌 SEM 图及原位能量色散 X 射线谱 (EDX) 成分关系图。从图中可以观察到, 键合样品的断面处呈现小山峰及酒窝状的形貌。这些被拉伸出来的山峰状形貌表明, 在 Cu 纳米焊料与 Cu 基底的扩散界面处产生了破坏性的塑性变形, 即 Cu 纳米焊料在键合过程中产生了大面积熔合, 并形成了与基底间的高质量互连。图 3.24a 下方的 EDX 能谱图反映了 Cu–Cu 键合界面处的成分构成。从 EDX 曲线可以看出, Cu 元素的比例占到了 99% 以上。不到 1% 的 O 元素可能是来自没有彻底挥发的

有机溶剂或者 Cu 纳米颗粒的表面残留。极少量的 O 元素并不会影响 Cu–Cu 键合的力学及电学特性。在老化测试后，键合样品的断面形貌及成分构成也未产生明显变化，这说明用此 Cu 纳米焊料实现的 Cu–Cu 键合界面是紧实且孔隙极少的。

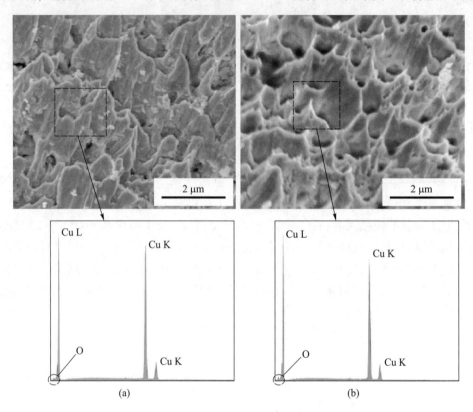

图 3.24　Cu–Cu 键合后 (a) 及老化测试后 (b) 的断面形貌 SEM 图及原位 EDX 成分关系图

3.2.4　60 nm Cu 纳米颗粒在 Si 基底 Cu–Cu 键合中的应用

如 3.1 节所提及，在半导体封装中，高温高压的工艺条件都会对原件产生毁灭性的破坏，如电路失效、芯片断裂等。本节利用基于 60 nm Cu 纳米颗粒制备的 Cu 纳米焊料，实现了低温低压力的键合，大大降低了在封装工艺过程中损坏器件的风险。为考察所制备的 Cu 纳米焊料能否满足在晶圆级 Cu–Cu 键合中的工艺条件并达到足够的力学强度，本节还引入了 Si 基底，并在 Si 基底上溅射 Cu 层，进行了 Si 基底上的 Cu–Cu 键合研究。

为研究基于 Cu 纳米焊料是否适用于晶圆级 Cu–Cu 键合，我们利用半导体行业中的常规工艺准备了供键合使用的基底。键合基底制备工艺过程以及待键合样品如图 3.25 所示。在键合基底制备的过程中，首先用磁控溅射工艺在 Si 基底表面沉积一层 50 nm 厚的 Ti 膜，作为黏附层；然后在 Ti 层上继续溅射一层 200 nm 厚的 Cu 膜，作为与 Cu 纳米焊料的接触层，提供键合面；最后为了便于键合后剪切强度的测试, 用切片机将溅射完成的晶片切割成 8 mm×8 mm 与 2 mm×4 mm 的大小, 至此键合基底制备完成。待键合样品的准备与前文方法类似, 也是由上下两片基底与中间的 Cu 纳米焊料层组成。

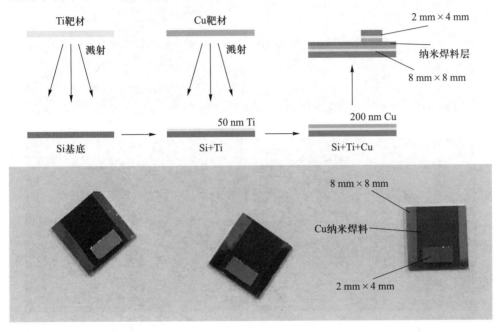

图 3.25 键合基底制备工艺过程以及待键合样品

将待键合样品用金属夹夹住, 再将其置于气氛烧结炉中, 在持续供应的 H_2/Ar 混合气环境下, 不同样品分别历经 150 ℃、200 ℃、250 ℃ 及 300 ℃ 4 种键合温度各 1 h, 以完成键合。由于待键合样品的面积与厚度均发生变化, 经重新测试可知, 此次键合过程中的键合压力约为 0.98 MPa。

键合完成后的样品界面的 SEM 图如图 3.26 所示。当键合温度低于 200 ℃ 时, Cu-Cu 键合界面呈现松散的形貌, 并且在制样过程中出现了焊料层散落的情况, 这是因为在 200 ℃ 以下, Cu 纳米焊料的烧结特征不明显, 纳米颗粒间的结合不够紧密, 导致了较多的键合缺陷。当键合温度上升至 250 ℃ 时, Cu 纳米焊料的烧结特征明显, 逐渐出现熔合与致密化现象。但是 Cu 纳米焊料与基底之间的扩散还不够充分, 依然存在边界缺陷。经过 300 ℃ 的键合后, 随着 Cu 纳米焊料的高质量烧结及大范围熔合, 焊料层与基底间实现了高效扩散, 边界缺陷消失。键合过程中, 晶片结构保持完好, 未出现裂痕及破碎现象, 这表明所制备的 Cu 纳米焊料可以满足晶圆级 Cu-Cu 键合工艺的力学要求。

键合完成后, 对各温度下实现的 Cu-Cu 键合样品进行了剪切强度测试, 测试结果如图 3.27 所示。与图 3.26 反映的键合界面情况相同, 当键合温度在 200 ℃ 以下时, 松散的键合结构导致了较低的剪切强度。随着烧结特性的增强, Cu-Cu 键合的剪切强度在 250 ℃ 时达到了 13.56 MPa。最后, 经 300 ℃ 实现 Cu-Cu 键合展

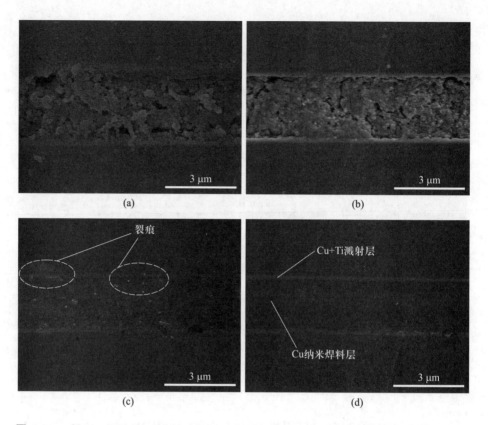

图 3.26　经 150 ℃ (a)、200 ℃ (b)、250 ℃ (c) 及 300 ℃ (d) 键合的键合界面 SEM 图

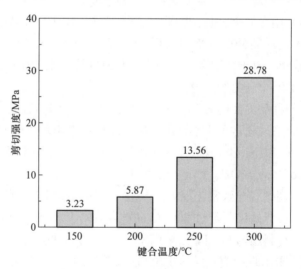

图 3.27　经不同温度键合后的剪切强度

示出可靠性极高的机械强度, 直至键合样品受力碎裂后其键合层也没有完全分离, 而样片破坏时测得的剪切强度已达 28.78 MPa, 可以满足实际使用的需求。

3.3 基于 Cu-Ag 混合纳米焊料的 Cu-Cu 键合研究

基于 Ag 纳米材料的 Cu-Cu 键合是近年来报道较多的低温键合方法之一,因为 Ag 较 Cu 而言有更好的低温烧结特性,但是其使用成本更高,资源更为紧缺。本节结合 Ag 的低温烧结优势,将与 Cu 纳米颗粒粒径大小相似的 Ag 纳米颗粒混入 Cu 纳米焊料中,制备了 Cu-Ag 混合纳米焊料。这种 Cu-Ag 混合纳米焊料依然是以 Cu 为主体,而 Ag 纳米颗粒可为烧结不够充分的 Cu 纳米颗粒提供更好的互连,以提升整体烧结性能。Cu-Ag 混合纳米焊料制备完成后,继续进行烧结与键合性能的研究,并与纯 Cu 及纯 Ag 纳米焊料进行了性能对比,权衡并确定出兼顾 Cu-Ag 混合焊料性能及使用成本的混合配比 (Li 等, 2017a, b)。

3.3.1 Cu-Ag 混合纳米焊料的制备

本节研究选取的 Cu 纳米颗粒为 3.2 节中所合成的平均尺度大小为 60 nm 左右的高纯度 Cu 纳米颗粒。Ag 纳米颗粒从南京先丰纳米材料科技有限公司购买获得。

由 X 射线衍射 (XRD) 测试获得的 Ag 纳米颗粒成分特征如图 3.28 所示。所购买的 Ag 纳米颗粒的 XRD 主要特征峰出现在 38.12°、44.28°、64.43°、77.47°、81.536° 以及 97.89° 处,分别代表 Ag 金属单质的 (111)、(200)、(220)、(311)、(222) 与 (400) 晶面。通过对 XRD 图谱的观察,可以确定 Ag 纳米颗粒是高纯度且不含其他金属杂质及氧化物的。

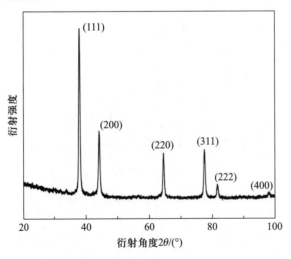

图 3.28 Ag 纳米颗粒的 XRD 图谱

Ag 纳米颗粒的形貌特征由 SEM 测得,如图 3.29 所示。虽然 Ag 纳米颗粒以聚集形式存在,但单个纳米颗粒的形貌轮廓依然明显。Ag 纳米颗粒的分散性较好,无明显硬团聚出现,尺寸分布相对均匀。

图 3.29　Ag 纳米颗粒的 SEM 图

图 3.30 所示的是 Ag 纳米颗粒的尺寸分布。由统计可知, Ag 纳米颗粒的尺寸分布范围较广, 从 20 nm 到 160 nm。其中, 100 nm 以上的颗粒所占比例较小, 分布主要集中在 20 ~ 80 nm。由 Nano Measure 软件分析可知, Ag 纳米颗粒的平均尺寸约为 70 nm, 与 Cu 纳米颗粒的尺寸类似。

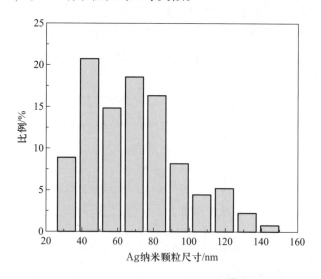

图 3.30　Ag 纳米颗粒的尺寸分布

由于本节研究的纳米焊料烧结及 Cu–Cu 键合的温度较前文研究的进一步降低, 制备纳米焊料时关于有机溶剂的选择也产生了变化。本节将 90 wt.% 叔丁醇与 10 wt.% 无水乙醇混合, 作为纳米焊料所用的有机溶剂, 因为该配比溶剂可在室温下挥发, 但挥发速度又不及无水乙醇, 可以在待键合样品制备时为键合基底及焊料提供一定的润湿性。纳米焊料由 60 wt.% 金属粉末固体填料和 40 wt.% 有机溶剂经真空脱泡搅拌机混合制得。在 Cu–Ag 混合纳米焊料的制备中, 选取了 Cu–Ag

摩尔比为 3:1 和 2:1 的纳米颗粒进行配比以进行比较, 制备后的混合焊料命名为 Cu3-Ag 和 Cu2-Ag。此外, 本节还制备了纯 Cu 及纯 Ag 纳米焊料, 作为 Cu-Ag 混合纳米焊料烧结与键合性能研究的参照。

3.3.2 Cu-Ag 混合纳米焊料的烧结特性研究

与 3.1 节和 3.2 节中所述方法相同, 将调配好的两组 Cu-Ag 混合纳米焊料及纯 Cu 和纯 Ag 纳米焊料均匀涂覆于载玻片与 Cu 基底上, 以完成烧结样品的制备。将 4 个不同 Cu、Ag 含量的样品置于管式气氛烧结炉中, 在 250 ℃ 的 Ar/H₂ 混合气环境下烧结 1 h 从而完成烧结实验。随后取出样品, 对比观察 4 个烧结样品的形貌特征及电学性能, 并作分析。

3.3.2.1 Cu-Ag 混合纳米焊料的烧结性能表征

经 250 ℃ 烧结后, 4 个样品的颜色对比如图 3.31 所示。由于烧结不够充分, 基于纯 Cu 纳米颗粒的纳米焊料依然呈现与 Cu 纳米颗粒相近的褐红色。随着 Ag 纳米颗粒含量在焊料中比例的提升, 烧结后的纳米焊料薄膜的颜色逐渐变浅。对于纯 Ag 纳米焊料, 其烧结后的颜色由初始状态的灰白变为纯白, 烧结颜色变化最为明显。

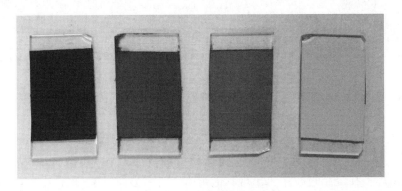

彩图

图 3.31 Cu、Cu3-Ag、Cu2-Ag、Ag 纳米焊料经 250 ℃ 烧结后的颜色对比

图 3.32 所示为不同 Cu、Ag 含量的纳米焊料在烧结后的形貌特征 SEM 图。Cu 纳米焊料在 250 ℃ 烧结后, 其 60 nm 左右的纳米颗粒消失, 相邻的 Cu 纳米颗粒之间产生互连, 形成了更大的颗粒。但是整体熔合范围不大, 颗粒尺寸增长不明显。从图 3.32b 可以观察到, 不同于 Cu 纳米焊料, Ag 纳米焊料呈现显著的变化。Ag 纳米颗粒的形貌完全消失, 出现大面积熔合, 所有部分都相互连接并交织在一起, 呈现极高的整体性。对于 Cu-Ag 混合纳米焊料的烧结, Ag 纳米颗粒在其中也起到了重要的作用。如图 3.32c 所示, 随着 Ag 纳米颗粒的引入, 烧结后的 Cu3-Ag 纳米焊料实现了比 Cu 纳米焊料更明显的烧结形貌特征变化。熔融的 Ag 纳米颗粒为周边烧结不够充分的 Cu 纳米颗粒提供了更加有效的互连。然而, 摩尔比为 3:1

的 Cu-Ag 还不足以让 Ag 纳米颗粒为所有 Cu 纳米颗粒提供充分的连接。因此，在这种情况下，烧结后的纳米焊料依然存在大量的孔洞。当混合纳米焊料中的 Cu、Ag 摩尔比变为 2:1 时，纳米焊料的烧结特征更加明显。大面积熔合的 Ag 纳米颗粒为几乎为所有的 Cu 纳米颗粒提供了稳定互连，并且 Ag 纳米颗粒本身具有的良好烧结流动性有效地填充了大量的孔洞及缺陷。

图 3.32　Cu (a)、Ag (b)、Cu3-Ag (c) 及 Cu2-Ag (d) 纳米焊料烧结后的形貌特征 SEM 图

　　Cu3-Ag 与 Cu2-Ag 纳米焊料经烧结后，其 XRD 图谱由图 3.33 所示。由图可知，除了明显的 Cu、Ag 特征峰，其他部分曲线均为平滑过渡。这说明 Cu-Ag 混合纳米焊料在烧结过程中未出现其他杂质。另一方面，图 3.33b 中 Ag 特征峰的信号强度明显比图 3.33a 中的高，说明 Cu2-Ag 较 Cu3-Ag 纳米焊料中的 Ag 含量高。

3.3.2.2　Cu-Ag 混合纳米焊料的烧结机理

　　Ag 纳米颗粒对 Cu-Ag 混合纳米焊料烧结影响可由烧结理论进行解释。如 3.1 节中所提及的烧结机理，纳米颗粒间的烧结颈主要是由表面能升高引起的晶界扩散、表面扩散及晶间扩散形成。拥有较低激发能量的晶界扩散主要由颗粒尺寸决定，而表面扩散主要由表面能引起。本节所用的 Cu 纳米颗粒与 Ag 纳米颗粒的尺寸相当，因此造成 Cu、Ag 烧结性能差异的因素主要是来自表面能引起的表面扩散。两颗粒间的表面扩散是一个固液交换的物理过程，常常表现为颗粒的表面熔化或者颗粒间熔合现象。然而，Ag 材料的固有表面能远比 Cu 材料的高，这表明

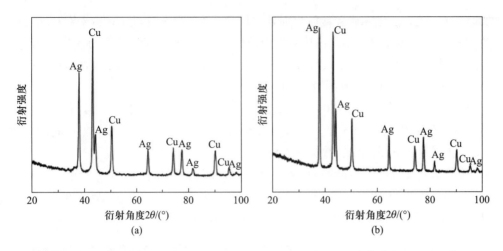

图 3.33 Cu3–Ag (a) 与 Cu2–Ag (b) 纳米焊料烧结后所生成薄膜的 XRD 图谱

Ag 材料产生表面扩散时所需的激发能量要远低于 Cu (Paniago 等, 1995; Vitos 等, 1998)。因此, 对于具有相似尺寸的 Cu 纳米颗粒, Ag 纳米颗粒间会产生更加充分的表面扩散, 如图 3.34a 与 b 所示。

对于 Cu–Ag 混合纳米焊料, Ag 纳米颗粒则在提升颗粒间扩散性能上起到了关键作用。如图 3.34c 所示, 在烧结过程中, 拥有高扩散率的 Ag 纳米颗粒有效地

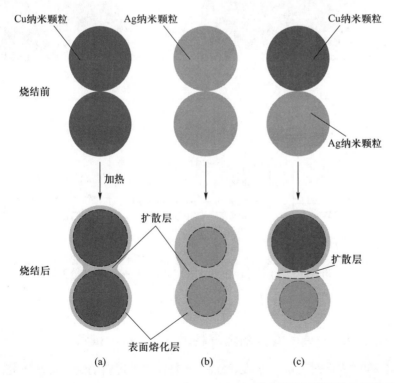

彩图

图 3.34 Cu–Cu (a)、Ag–Ag (b) 及 Cu–Ag (c) 纳米颗粒间的烧结机理示意图

加速了 Cu 与 Ag 纳米颗粒接触界面处的扩散速度。相较于纯 Cu 纳米颗粒间的扩散，Ag 纳米颗粒带来的更大范围的熔合可以使 Cu-Ag 之间产生更加稳定的互连。因此，对整体而言，随着 Ag 含量的增加，拥有低温高烧结性能的 Ag 纳米颗粒可以为未充分烧结的 Cu 纳米颗粒提供足够的互连。

图 3.35 展示的是经 250 ℃ 烧结后的 Cu-Ag 纳米颗粒的 TEM 图。通过对图 3.35a 和 c 中对应的 3 个点的成分分析可以推断，点 2 处是 Cu-Ag 间的扩散区域。如图 3.35b 所示，扩散层处出现了大量的莫尔条纹。这些莫尔条纹由 Cu 和 Ag 的晶格间条纹叠加干涉形成，表明烧结后形成了稳定的 Cu-Ag 互连 (Luo 等，2015; Dong 等，2015; Chen 等，2016; Tian 等，2016)。通过对 TEM 图的观察，可以推断之前提出的烧结机理是可信且有实际意义的。

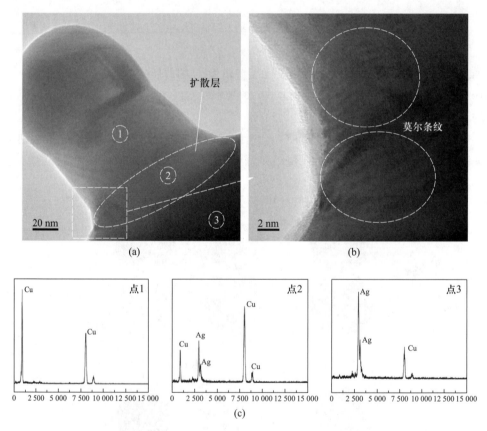

图 3.35　(a) 经 250 ℃ 烧结后的 Cu-Ag 纳米颗粒的 TEM 图; (b) 图 (a) 中的局部放大高分辨 TEM 图; (c) 图 (a) 中点 1、2、3 对应的 EDX 成分关系

3.3.3　基于 Cu-Ag 混合纳米焊料的 Cu-Cu 键合

根据 250 ℃ 下对 Cu、Ag 及 Cu-Ag 混合纳米焊料的烧结特性研究，本节开展了在同样温度下的 Cu-Cu 键合实验，以分析 Ag 纳米颗粒的引入对键合效果的

影响。

待键合样品的制备与前文所述相同, 由上下两片 Cu 基底及中间的纳米焊料层构成。用 Cu、Ag、Cu3–Ag 及 Cu2–Ag 这 4 种纳米焊料制备 4 组待键合样品, 以比较其 Cu–Cu 键合性能的差异。4 组待键合样品首先由金属夹固定 (大约可提供 1.12 MPa 的键合压力), 然后将其置于管式气氛烧结炉中, 在 250 ℃ 的 H$_2$/Ar 混合气的保护下, 经 1 h 完成实验。键合后将样品取出, 在自然环境下冷却, 以备测试使用。

Cu–Cu 键合完成后, 分别进行了键合界面形貌观察、键合剪切强度测试以及键合断面形貌与成分观察三部分表征与分析。

图 3.36a ～ d 分别展示了使用 Cu、Ag、Cu3–Ag、Cu2–Ag 纳米焊料完成的 Cu–Cu 键合界面的 SEM 图。从图 3.36a 中可以看出, 键合界面并不够紧密, 大量缺陷及孔洞存在于焊料层中, 并且 Cu 纳米颗粒的轮廓依然可以被观察到。造成这种形貌特征的主要原因是, 在 250 ℃ 下, Cu 纳米颗粒的烧结不够充分。作为对比, 使用 Ag 纳米焊料实现的 Cu–Cu 键合则呈现截然不同的键合界面。由于 Ag 纳米颗粒优异的低温烧结性能, 键合界面高度紧实且几乎无缺陷。对于使用 Cu3–Ag 纳米焊料实现的 Cu–Cu 键合, 界面处的缺陷明显远低于使用 Cu 纳米焊料的情况。因为在键合过程中, 表面熔化明显的 Ag 能有效地填充周边的孔隙。然而, 界面中依然存在的孔隙表明了 Cu3–Ag 纳米焊料中 Ag 纳米颗粒的含量不足以起到充分的填充作用。随着 Ag 含量的进一步提升, 使用 Cu2–Ag 纳米焊料实现的 Cu–Cu

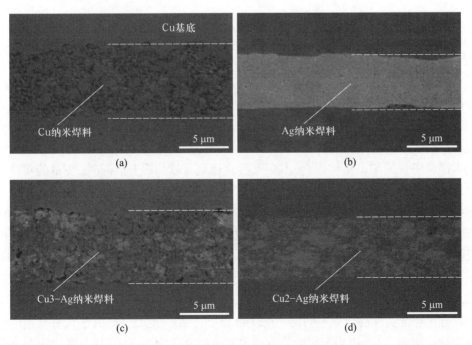

图 3.36 Cu (a)、Ag (b)、Cu3–Ag (c) 及 Cu2–Ag (d) 纳米焊料在 250 ℃ 下实现的 Cu–Cu 键合界面的 SEM 图

实现了更加紧实的键合界面, 并且几乎不存在可见的缺陷与孔洞。根据对 Cu−Cu 键合界面的观察, 我们可以推断使用 Cu2−Ag 纳米焊料可能会实现与 Ag 纳米焊料类似的键合强度。

使用 4 组不同成分纳米焊料实现的键合剪切强度对比如图 3.37 所示。随着 Ag 纳米颗粒的引入, 由 Cu3−Ag 纳米焊料实现的 Cu−Cu 键合强度达到 14.26 MPa, 明显高于使用 Cu 纳米焊料时的 7.32 MPa, 具有显著的增强效果。使用 Cu2−Ag 纳米焊料实现的键合, 其剪切强度更是高达 25.41 MPa, 接近于使用 Ag 纳米焊料所实现的 27.03 MPa。因此, Cu2−Ag 纳米焊料能在 250 ℃ 下使 Cu−Cu 键合的剪切强度达到一个较高值, 完全满足芯片封装中的实际使用需求。

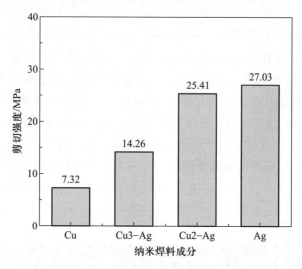

图 3.37　使用不同成分纳米焊料实现的 Cu−Cu 键合剪切强度对比

图 3.38 展示的是用 SEM 得到的 Cu−Cu 键合断面形貌以及对应的 EDX 成分图谱。由图 3.38a 可以观察到, 使用 Cu 纳米焊料实现的键合在断面处没有明显实质性的破坏; 大部分形貌呈现的是经烧结后的纳米颗粒在受键合压力后出现的形貌变化, 由不充分烧结引起的缺陷及孔洞在断面处依然可以被观察到。经 Cu3−Ag 纳米焊料实现的 Cu−Cu 键合, 其剪切强度得到有效的提升。同时, 少量的塑性变形形貌也出现在键合断面处。然而, 正如之前分析的一样, 少量的 Ag 纳米颗粒未能给键合提供充分的填充, 也导致了不够紧实的断面形貌。另一方面, 由 Cu2−Ag 与 Ag 纳米焊料实现的 Cu−Cu 键合则在键合断面处呈现显著的塑性变形特征, 出现了大面积被拉伸的小山峰状断裂形貌, 这也证明了 Cu−Cu 键合是稳固可靠的。图 3.38e ~ h 展示的是图 3.38a ~ d 所对应的 EDX 成分图谱。随着 Ag 成分的增加, Ag 元素在图谱中的信号逐渐增强。同时, 经 EDX 测试得到的 Cu、Ag 原子所占百分比也证实了混合焊料的均匀性。除了 Cu、Ag 元素之外, 几乎没有其他的成分能被探测到, 这也说明了键合过程中没有金属氧化物的产生, 并且有机溶剂也得到了充分的挥发。

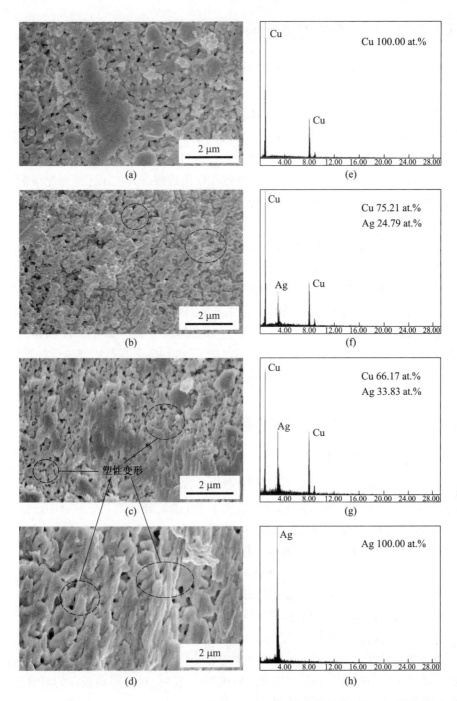

图 3.38 Cu (a)、Ag (b)、Cu3-Ag (c) 及 Cu2-Ag (d) 纳米焊料的 Cu-Cu 键合断面 SEM 图；(e ~ h) 为 (a ~ d) 图所对应的 EDX 成分图谱

3.4　基于 Cu 纳米团聚体的 Cu–Cu 键合研究

在 3.3 节中, 通过引入 Ag 纳米颗粒制备 Cu–Ag 混合纳米焊料的方法, 有效地将 Cu–Cu 键合温度降至 250 °C, 从而实现了高质量的烧结。另一方面, 根据尺度效应, 若想使用纯 Cu 纳米焊料将键合温度降低至 300 °C 以下, 则需要制备出比 3.2 节中所使用的 60 nm Cu 颗粒更小尺寸的纳米颗粒。然而, 极细纳米颗粒的合成较为困难, 在合成过程中易发生硬团聚。小尺寸 Cu 纳米颗粒本身质量较小, 用高速离心的手段都难以将其有效收集, 并且在收集过程或其他工艺研究过程中一旦失去还原剂的保护, 就会快速氧化。合成并有效保存和使用极细 Cu 纳米颗粒一直是学术界面临的一个难题。

本节给出了一种制备 5 nm 左右 Cu 颗粒的方法。由于此类极细纳米颗粒的收集困难, 纯度难以保证, 我们用试剂先使 Cu 纳米颗粒产生聚合, 然后再进行收集。收集到的 Cu 纳米团聚体表面依然吸附着大量的 5 nm 的 Cu 颗粒, 并且整体呈现较高的纯度。这些极细纳米颗粒具有的优秀低温烧结性能为 Cu 纳米团聚体间的互连起到关键的作用。本节还对该 Cu 纳米团聚体进行了一系列表征, 制备出基于此纳米团聚体的 Cu 纳米焊料。之后, 在 150 ~ 250 °C 下进行了烧结及键合研究, 进行了性能评估, 并提出了 Cu 纳米团聚体间的烧结机理。

3.4.1　Cu 纳米团聚体及纳米焊料的制备

3.4.1.1　Cu 纳米团聚体合成

为了得到极细 Cu 纳米颗粒, 我们在低温下进行了合成实验以抑制 Cu 纳米颗粒成核过快以及硬团聚的产生, 因此也改变了 Cu 源、还原剂及分散剂的选择。

5 nm 极细 Cu 纳米颗粒的合成材料如下:

一水合乙酸铜: $Cu(CH_3COO)_2 \cdot H_2O$, AR, $\geqslant 98.0\%$;

水合肼: $N_2H_4 \cdot H_2O$, AR, $\geqslant 85.0\%$;

异丙醇胺: 1-a mino-2-propanol, MIPA, CP, $\geqslant 98.0\%$;

乙二醇: ethylene glycol, EG;

所有药品均购自国药集团化学试剂有限公司。

$Cu(CH_3COO)_2 \cdot H_2O$ 是一种常用来制备小尺寸 Cu 纳米颗粒的 Cu 盐, 并且在乙二醇 (EG) 中配合异丙醇胺 (MIPA) 作为分散剂, 可以得到较高的溶解度, 实现高产率的合成 (Huang 等, 1997; Blosi 等, 2011; Ramyadevi 等, 2012; Ahamed 等, 2014; Hokita 等, 2015)。另一方面, 为了防止产生团聚及纳米颗粒成核过快, 我们需要用还原性更强的还原剂才能实现低温反应。因此, 本节同样使用常用的水合肼作为强还原剂, 实现了 Cu 离子在室温下的还原反应。具体合成过程如下:

首先, 将 30 mL 反应溶剂 EG 与 15 mL 分散剂 MIPA 置于锥形瓶中, 在封闭状态下进行磁力搅拌。待混合均匀后, 将溶液转移至圆底烧瓶中, 并倒入 2.5 g $Cu(CH_3COO)_2 \cdot H_2O$, 置于恒温槽中, 在 0 ℃、700 r/min 条件下进行机械搅拌。此过程可保证 $Cu(CH_3COO)_2 \cdot H_2O$ 充分均匀溶解, 且分散剂能在低温下最大限度地不被挥发。搅拌 40 min 后, 可得到分布均匀的蓝色溶液。最后, 将 12 mL $N_2H_4 \cdot H_2O$ 倒入圆底烧瓶中, 反应温度上调至 25 ℃, 经 12 h 完成反应。反应结束后, 溶液由蓝色变为褐红色。

如前文所提及, 极细 Cu 纳米颗粒很难使用普通离心方法收集, 并易产生氧化。本节以 Cu 纳米团聚体的方式收集, 在大幅度降低收集难度的同时, 还保证了 Cu 纳米团聚体较高的纯度。收集过程如下:

首先, 将 100 mL N, N-二甲基乙酰胺 (dimethylacetamide, DMAC) 倒入烧杯中, 再将反应得到的褐红色溶液缓缓倒入 DMAC 中。烧杯中的液体发生明显分层, 并且有一些团聚沉淀出现。此后, 用玻璃棒将烧杯中的溶液缓慢搅拌, 稍作混合后将溶液倒入离心管中。离心过程在冷冻高速离心机中进行, 以防止过多硬团聚的产生。为收集到更多极细纳米颗粒, 首次离心在 9 000 r/min 的高转速下进行 15 min。离心完成后将上层液体倒出, 再分别用 DMAC、甲苯、正己烷在 7 000 r/min 的转速下进行 5 min 离心操作, 以完成清洗和收集。值得注意的是, 清洗过程中溶液的选择非常重要, 本节所合成的纳米颗粒不适合使用常用的丙酮及乙醇进行清洗。若用丙酮进行清洗, Cu 纳米颗粒表面的有机残留将会被彻底去除, 极细纳米颗粒在收集及使用过程中极易产生氧化。另一方面, 由于 Cu 纳米颗粒在合成过程中使用的是 EG 及 MIPA, 都属于亲水性的极性溶剂, 若用乙醇清洗, 极细 Cu 纳米颗粒会在其中高度分散, 从而导致清洗过程中极细 Cu 纳米颗粒的严重流失。因此, 本节选取了极性较小的甲苯与正己烷作为清洗收集溶剂。

清洗完成后, 将收集到的 Cu 粉末置于真空干燥箱中常温晾干, 待表征使用。

3.4.1.2　Cu 纳米团聚体表征

合成的 Cu 纳米颗粒由 TEM 表征。为了直接观察到合成溶液中 Cu 纳米颗粒的形貌, TEM 制样时没有用收集到的 Cu 粉末进行分散, 而是直接将反应溶液滴入乙醇中进行超声分散, 然后制备成 TEM 观察样品。图 3.39a ～ c 分别是合成 Cu 纳米颗粒的 TEM 图、高倍 TEM 图以及超高分辨率 HR–TEM 图。由图 3.39a 可以观察到, 合成的极细 Cu 纳米颗粒尺寸比较一致, 都为类球形, 在乙醇中分散均匀且无团聚产生。由图 3.39b 可知, Cu 纳米颗粒的尺寸为 3 ～ 6 nm。并且根据整体观察, 大部分尺寸集中在 4 ～ 5 nm。Cu 纳米颗粒的超高分辨率 HR–TEM 如图 3.39c 所示, 对于单个 Cu 纳米颗粒而言, 晶面间条纹均匀一致, 可判定为单晶纳米颗粒。经测量, 其晶面间距为 0.208 nm, 对应 Cu 单质的 (111) 方向晶面间距, 为证明此纳米颗粒为单晶 Cu 提供了有效依据。

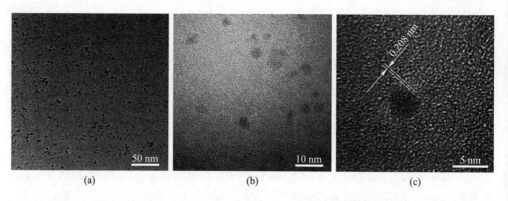

图 3.39　极细 Cu 纳米颗粒的 TEM 图 (a)、高倍 TEM 图 (b) 及超高分辨率 HR–TEM 图 (c)

　　Cu 纳米团聚体的形貌表征同样由 TEM 完成。将收集获得的 Cu 纳米团聚体粉末在乙醇中超声分散，滴在 Cu 网上制备成 TEM 观察样品。由图 3.40 可知，经 DMAC 处理及离心收集后，大量 Cu 纳米颗粒团聚成一个尺寸超过 300 nm 的球体。虽然用此方法收集的 Cu 纳米颗粒产生了严重的团聚，但团聚体表面呈现一种松散的结构。由图 3.40b 所示的高倍 TEM 图可以观察到，团聚体表面的松散结构是由大量尺寸为 5 nm 的 Cu 纳米颗粒组成的，这些 5 nm 的 Cu 纳米颗粒在表面均匀分布，且无硬团聚产生。因此，收集到的此纳米结构可以描述为一种内部为 Cu 纳米团聚体、外部为极细 Cu 纳米颗粒均匀包覆的核壳结构，本节将之定义为 Cu 纳米团聚体。

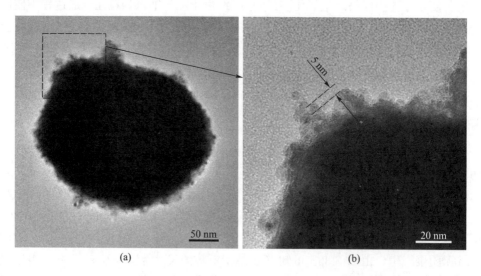

图 3.40　单颗 Cu 纳米团聚体的 TEM 低倍图 (a) 和 TEM 高倍图 (b)

　　收集到的 Cu 纳米团聚体的纯净度由 XRD 及 X 射线光电子能谱 (X-ray photoelectron spectroscopy, XPS) 分析测得，其衍射图谱及能谱曲线由图 3.41 所示。如图 3.41a 所示，XRD 主要的衍射峰可以在 43.34°、50.49°、74.16°、89.95° 及

95.21° 处观测到, 均代表 Cu 金属单质的不同晶面。除此几个明显的特征峰外, 在衍射图谱曲线中的 36.48° 处还可以观测到一个极微弱的衍射峰, 代表 Cu_2O 的 (111) 晶面。其他关于 Cu_2O 或者 CuO 的氧化物信号特征则均未出现在此衍射图谱中。此外, 在 XPS 曲线中, 峰值出现在 951.9 eV 与 932.1 eV 处, 分别代表纯 Cu 的特征峰 $Cu2P_{1/2}$ 与 $Cu2P_{3/2}$。经分峰处理后, 也未见 Cu^{2+} 与 Cu^{1+} 的特征峰出现。因此, 通过 XRD 与 XPS 分析可知, Cu 纳米团聚体拥有极高的纯度, 而检测到的微弱氧化应该可以在烧结和键合过程中被 H_2/Ar 混合气中的 H_2 成分轻易地去除。

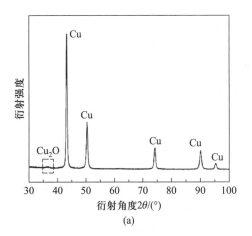
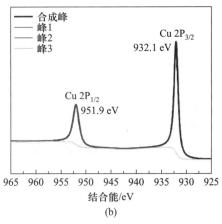

彩图

图 3.41 Cu 纳米团聚体的 XRD 图谱 (a) 及 XPS 分析 (b)

大量 5 nm 左右的 Cu 纳米颗粒存在于 Cu 纳米团聚体表面, 而 Cu 纳米团聚体依然可以保证极高的纯净度, 主要是因为在合成收集后有一定量的有机物残留, 为 Cu 纳米团聚体起到了一定的抗氧化作用。有机残留成分由 FTIR 表征。如图 3.42 所示, 特征峰值出现在 3 446、1 567 及 1 412 处, 分别代表着羟基、羧基及甲基基团的存在, 可以推测为合成过程中残留的少量 MIPA。MIPA 具有一定的弱还原性, 一定程度上抑制了极细 Cu 纳米颗粒的氧化产生。而 MIPA 的沸点仅为 159 ℃, 因此可以在低温烧结时完全挥发, 不会影响烧结及键合后的电学及力学性能。

3.4.1.3 Cu 纳米焊料调配

与 3.3 节相同, 制备 Cu 纳米焊料的有机溶剂由 90 wt.% 叔丁醇及 10 wt.% 无水乙醇混合搅拌制备而成。由于收集到的 Cu 纳米团聚体在干燥后呈现的粉末结构较前文中其他类型的 Cu 颗粒粉末更加疏松, 需适当提升有机溶剂在纳米焊料制备中的比例, 以获得更好的纳米焊料润湿性及分散性。本节中, Cu 纳米焊料由 50 wt.% 固体填料及 50 wt.% 有机溶剂经真空搅拌混合制得。将制备好的 Cu 纳米焊料储存在冰箱中, 以备使用。

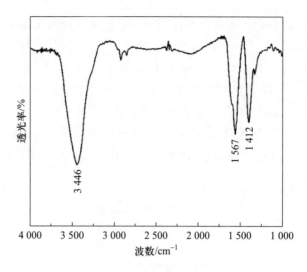

图 3.42　Cu 纳米团聚体的 FTIR 分析图谱

3.4.2　Cu 纳米团聚体的烧结特性研究

烧结样品的制备与前文相同。由于极细 Cu 纳米颗粒的存在, 本节所选取的烧结温度整体低于 3.2 节中的研究值。烧结实验在管式气氛烧结炉中进行, 在 H_2/Ar (5% H_2) 混合气的保护下, 不同样品分别在 150 ℃、175 ℃、200 ℃、225 ℃ 及 250 ℃ 温度下烧结 1 h 以完成实验。烧结后, 将样品取出, 待测试。

如前文所提及, 收集后的 Cu 纳米团聚体有轻微的氧化, 以 Cu_2O 的形式存在。经不同温度烧结后的 Cu 纳米团聚体的成分变化由 XRD 表征, 其衍射图谱如图 3.43 所示。在 150 ℃ 时, Cu_2O 的衍射峰相较于图 3.41a 中的更加平滑, 表面 Cu 的氧化物得到了部分还原。而当烧结温度上升至 175 ℃ 及以上时, Cu_2O 的衍射峰已经无法在衍射图谱中被观察到。这个结果证明, 本节制备的 Cu 纳米团聚体虽然在收集过程中会产生轻微的氧化, 但其氧化物在经低温烧结后可完全去除, 不会影响烧结时的电学性能。

在室温下与经不同温度烧结后的 Cu 纳米团聚体的微观形貌演变由 SEM 表征, 如图 3.44 所示。从图 3.44a 和 b 可以看出, 经 150 ℃ 烧结后, Cu 纳米团聚体的形貌未产生明显变化, 表明在此温度下, Cu 纳米团聚体不能得到有效烧结。当烧结温度上升至 175 ℃ 时, Cu 纳米团聚体开始呈现表面熔化的流动性特征, 团聚体的表面逐渐变得圆润, 相邻的团聚体之间开始形成稳定的颈连接。随着烧结温度上升至 200 ℃, 熔合现象变得更加明显。相邻的纳米团聚体逐渐结合成一个更大的团簇, 每一个团簇的平均尺寸生长至 1 μm 以上。当烧结温度上升至 225 ℃ 以上时, Cu 纳米团聚体呈现显著的熔化及流动特性, 所有团聚体之间都产生了稳固的互连, 单个团聚体的原有形貌特征消失, 整体孔隙率在烧结后大幅度降低。

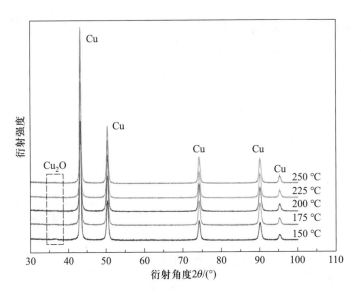

彩图

图 3.43 经不同温度烧结后的 Cu 纳米团聚体的 XRD 图谱

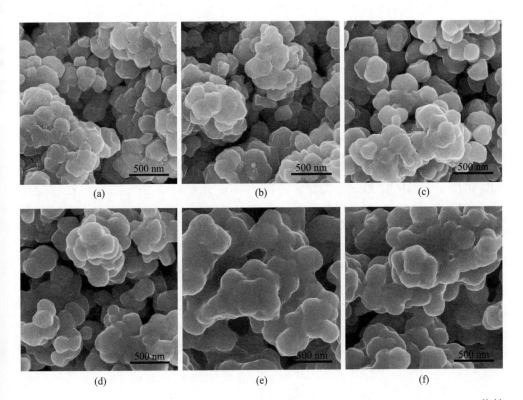

图 3.44 室温下 (a) 以及经 150 ℃ (b)、175 ℃ (c)、200 ℃ (d)、225 ℃ (e)、250 ℃ (f) 烧结后的 Cu 纳米团聚体的 SEM 图

　　由 Cu 纳米团聚体制备的纳米焊料经烧结后的薄膜的宏观颜色变化如图 3.45 所示。经 150 ℃ 烧结后, Cu 纳米焊料薄膜的颜色较室温下的无明显区别, 这表明

团聚体之间未产生熔合及生长。当烧结温度上升至 175 ℃ 时, 纳米焊料薄膜的颜色稍有变浅。此轻微的颜色变化表明, 纳米团聚体之间逐渐产生熔合, 尺寸开始生长。当烧结温度高于 225 ℃ 时, 纳米焊料薄膜的颜色产生了显著变化, 接近于 Cu 块体的本色。这说明 225 ℃ 以上的烧结温度可以使 Cu 纳米团聚体得到充分烧结, 团聚体之间产生大面积熔合。如图 3.45b 所示, 在经过 250 ℃ 烧结后, Cu 纳米焊料已经形成一个整体不断裂的薄膜, 并且呈现与 Cu 块体几乎相同的颜色。这表明, 经此温度烧结的 Cu 纳米团聚体产生了高度熔合, 团聚体之间的互连稳定可靠, 其物理性质已经与 Cu 块体接近。

彩图

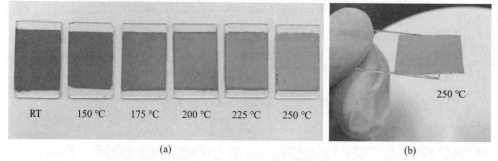

(a)　　　　　　　　　　　　　　　(b)

图 3.45　(a) Cu 纳米团聚体在室温下及经不同温度烧结后的薄膜颜色变化; (b) 经 250 ℃ 烧结后 Cu 纳米团聚体形成的完整薄膜

　　Cu 纳米团聚体烧结后的宏观颜色变化趋势与微观形貌演变是高度呼应的, 证实了本节所制备的 Cu 纳米团聚体在 250 ℃ 以下具有优异的烧结特性。

　　Cu 纳米焊料烧结后的薄膜的电阻率变化如图 3.46 所示。随烧结温度从 150 ℃ 上升至 250 ℃, 薄膜电阻率呈现明显的变化趋势, 从 152.32 $\mu\Omega\cdot cm$ 下降至 4.37 $\mu\Omega\cdot cm$。其中, 最显著的变化是在 175 ℃ 下经烧结后产生的, 这是因为在

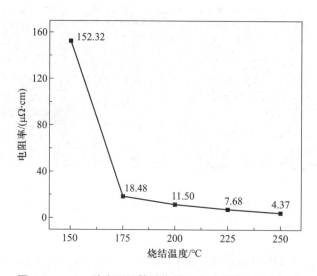

图 3.46　Cu 纳米团聚体随烧结温度的薄膜电阻率变化

此温度下, 相邻 Cu 纳米团聚体之间开始产生表面熔合及互连, 如前文所描述。当烧结温度为 225 ℃ 时, 测得的薄膜电阻率为 7.68 μΩ·cm。这一测试值甚至要低于 3.2 节中 60 nm Cu 纳米颗粒在 300 ℃ 下烧结的电阻率。而当 Cu 纳米焊料经过 250 ℃ 烧结后, 形成的完整、无断裂 Cu 薄膜的电阻率已低至 4.37 μΩ·cm, 仅为 Cu 块体的 2.5 倍左右, 在此温度下实现的烧结电学性能要优于前文所述工作成果及其他同类型研究的报道 (Zhang 等, 2013; Cheng 等, 2017)。

3.4.3 基于 Cu 纳米团聚体的 Cu–Cu 键合

由于 Cu 纳米团聚体在 150 ℃ 时基本无烧结特征, 本节主要在 175 ℃、200 ℃、225 ℃ 及 250 ℃ 的键合温度下对基于 Cu 纳米团聚体的 Cu–Cu 键合进行研究。键合样品的制备与 3.2 节所述相同, 金属样品夹可以为 Cu–Cu 键合样品提供约 1.08 MPa 的键合压力。键合过程在 H$_2$/Ar (5%H$_2$) 混合气的保护下进行。样品在管式烧结炉中分别经 175 ℃、200 ℃、225 ℃ 及 250 ℃ 加热 1 h 以完成键合实验。实验结束后, 将 Cu–Cu 键合样品取出, 待形貌观察及力学性能测试。

3.4.3.1 Cu–Cu 键合性能表征与分析

基于 Cu 纳米团聚体的 Cu–Cu 键合界面由 SEM 表征, 如图 3.47 所示。当键合温度为 175 ℃ 时, 纳米焊料层中的 Cu 纳米团聚体已经开始产生互连, 但一些未充分烧结的团聚体也可被清楚地观测到。因此, 在此键合温度下, 主要实现的是 Cu 纳米团聚体在浅度表面熔化后相邻团聚体间的互连, 而这种程度的烧结不足以使 Cu 纳米焊料与 Cu 基底之间产生充分的扩散, 导致如图 3.47a 所示的焊料层与基底接合面处的断层现象。当键合温度上升至 200 ℃ 时, Cu 纳米团聚体的烧结更加充分。纳米焊料层变得更加紧实, 层间缺陷及孔洞也相对减少, 焊料层与 Cu 基底之间的裂缝逐渐消失。当键合温度高于 225 ℃ 时, Cu 纳米团聚体间产生了大面积熔合。伴随纳米团聚体在充分烧结后的表面流动性, Cu–Cu 键合界面处的孔洞进一步减少, 纳米焊料与基底之间的结合也更加可靠。如图 3.47d 所示, Cu 纳米焊料与 Cu 基底接合处产生了有效的扩散, 导致扩散边界线难以区分, 从而实现稳定互连。

然而, 虽然 Cu 纳米团聚体在 250 ℃ 以下具有优异的烧结特性, 但基于纳米团聚体实现的 Cu–Cu 键合却不及 3.2 节所述的 Cu–Cu 键合紧实, 依然存在可见孔洞。这是因为 3.2 节中 60 nm 左右的 Cu 纳米颗粒在 300 ℃ 下实现的烧结有更强的流动性, 并且烧结后整体产生了明显的致密化现象。作烧结研究时, 60 nm 的 Cu 纳米颗粒严重的致密化收缩会使相邻纳米颗粒成团, 每个团之间的距离会因团内大幅度的收缩而拉长, 从而造成薄膜内孔隙率和孔隙尺寸的增加。而 Cu 纳米团聚体是中间超过 300 nm, 边缘为 5 nm 的 Cu 纳米颗粒的核壳结构, 在低温烧结时, 更多产生的是充分的表面熔化。表面熔化的极细 Cu 纳米颗粒可以为团聚体间提

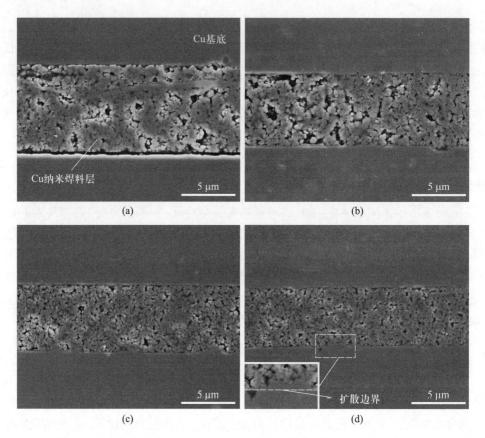

图 3.47　经 175 °C (a)、200 °C (b)、225 °C (c)、250 °C (d) 键合 1 h 后的 Cu–Cu 键合界面 SEM 图

供稳固可靠的互连, 形成网织结构。但因较大的核结构的存在, 纳米焊料膜整体并不会出现大幅度的致密化及收缩。因此, 以 60 nm Cu 纳米颗粒制备的 Cu 纳米焊料, 其烧结后的电学性能不及基于 Cu 纳米团聚体的纳米焊料。另一方面, 在进行 Cu–Cu 键合实验时, 60 nm Cu 纳米颗粒因其烧结时的高度流动性, 经键合压力作用易形成紧实的键合界面, 而 Cu 纳米团聚体表面的极细 Cu 纳米颗粒在烧结熔化后不足以充分填充团聚体之间的孔隙, 因此 Cu–Cu 键合界面的纳米焊料层中仍然存在缺陷及孔洞。

　　不同键合温度下的 Cu–Cu 键合剪切强度如图 3.48 所示。由于 Cu 纳米焊料层与 Cu 基底之间存在较大的缺陷及缝隙, 在 175 °C 下实现的 Cu–Cu 键合剪切强度较低, 仅为 4.25 MPa。而当键合温度为 225 °C 时, Cu 纳米团聚体良好的表面熔化使得纳米焊料层与 Cu 基底之间实现了稳固的互连, Cu–Cu 键合的剪切强度上升至 20.57 MPa, 基本满足使用需求。键合温度上升至 250 °C 时, 剪切强度随之上升至 25.36 MPa, 与 3.3 节中 Cu2–Ag 混合纳米焊料所实现的强度类似。

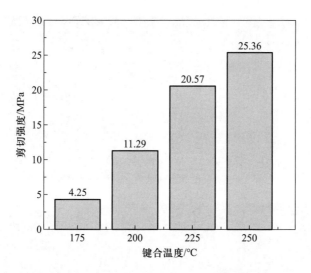

图 3.48 不同键合温度下的 Cu–Cu 键合剪切强度

图 3.49 展示的是经不同键合温度实现的 Cu–Cu 键合在剪切强度测试后的断面 SEM 图及断面处的原位 EDX 成分图谱。如前文所述, 在 150 ℃ 下, 纳米焊料未实现充分烧结, 纳米焊料与 Cu 基底间的结合连接不紧密。同样, 在键合断面处, 大量 Cu 纳米团聚体依然可见; 纳米焊料层与基底之间呈现的断面形貌无破坏性的塑性变形, 以压面形貌为主。在 200 ℃ 键合后, 键合断面处的 Cu 纳米团聚体明显减少, 经键合压力作用后, 纳米焊料形貌更加紧实, 但焊料层与基底之间的结合也不够紧密, 断裂后仅呈现少量的拉伸变形。

225 ℃ 以上的 Cu–Cu 键合则呈现截然不同的断面形貌。如图 3.49c 和 d 所示, 原始的 Cu 纳米团聚体消失, 焊料层间实现了高度熔合。断面处呈现大量小山峰状的拉伸形貌, 为纳米焊料层与 Cu 基底实现有效扩散后断裂产生的塑性变形。

键合断面处的成分分析如图 3.49e 所示。在 EDX 能谱中, Cu 元素的原子百分数为 99% 以上, 则 O 元素占比不足 1%, 可能来自少量残留有机物或氧化物。因此, 基于 Cu 纳米团聚体实现的低温 Cu–Cu 键合是高纯度且满足强度要求的。

综上对 Cu–Cu 键合的界面观察及强度分析, 利用表面 5 nm Cu 纳米颗粒覆盖的 Cu 纳米团聚体可将键合界面紧密、键合强度可靠的 Cu–Cu 键合温度降低至 250 ℃ 以下, 这是使用纯 Cu 纳米焊料进行 Cu–Cu 键合研究的进一步突破。

3.4.3.2 Cu 纳米团聚体的低温烧结及键合机理

与 3.1 节、3.2 节中 Cu 纳米颗粒间的互连不同, Cu 纳米团聚体间的低温互连主要是靠团聚体表面 5 nm Cu 纳米颗粒的高烧结性能及流动特性驱动形成的。本

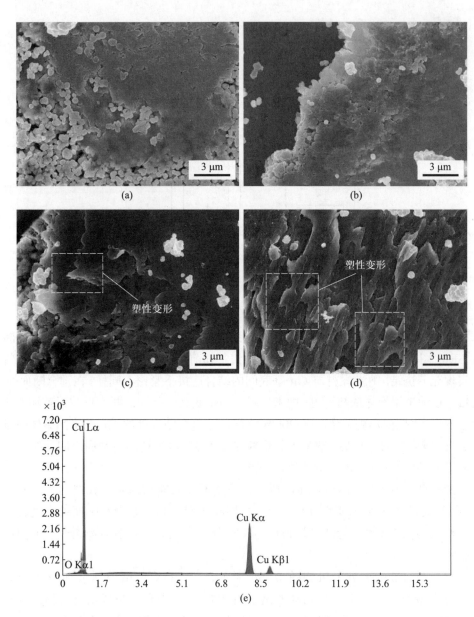

图 3.49 经 175 ℃ (a)、200 ℃ (b)、225 ℃ (c)、250 ℃ (d) 键合 1 h 后的 Cu–Cu 键合断面 SEM 图; (e) 键合断面处的原位 EDX 成分图谱

节给出一种 Cu 纳米团聚体之间的低温烧结形成机理, 其示意图如图 3.50 所示。

结合前面内容对 Cu 纳米团聚体烧结形貌变化的观察, 推测 Cu 纳米团聚体间的烧结形成可分为 4 个阶段:

(1) 在室温环境下, 5 nm Cu 纳米颗粒均匀分布在纳米团聚体表面, 呈现核壳结构。

(2) 当烧结温度在 150 ℃ 以下时, 极细 Cu 纳米颗粒间的表面扩散开始被激

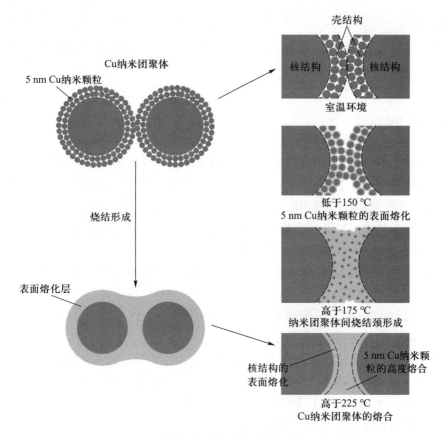

图 3.50 Cu 纳米团聚体间低温烧结形成机理示意图

发。在此阶段, 附着在纳米团聚体表面的 Cu 纳米颗粒开始产生相互连接, 但是与核结构的连接还不够紧密。

(3) 随着烧结温度上升至 175 ℃, 极细 Cu 纳米颗粒开始出现深度烧结, 其熔化现象更加明显。纳米颗粒间产生充分互连, 并且与纳米团聚体的内核间产生了扩散, 为相邻的纳米团聚体起到了搭桥作用, 导致烧结颈的形成。

(4) 当烧结温度高于 225 ℃ 时, 团聚体表面的 5 nm Cu 纳米颗粒完全熔化, 并且团聚体的核结构也实现了表面熔化。因此, 核壳结构的界面处在此温度下可实现深度扩散, 熔化的极细纳米颗粒可使团聚体之间形成更加充分的熔合, 大面积形成团聚体之间的网织结构, 从而实现高质量烧结。

根据对 Cu 纳米团聚体间烧结机理的分析, 我们可以得知, 团聚体表面的极细 Cu 纳米颗粒是导致团聚体间高质量低温烧结的重要因素。结合纳米晶体的尺度效应及前文研究内容可知, Cu 纳米团聚体中超过 300 nm 的核结构在低于 250 ℃ 的烧结温度下很难实现充分烧结, 只能实现较浅的表面熔化。但是, 在此温度下, 5 nm 极细 Cu 纳米颗粒却可以高度烧结, 并呈现极强的流动性, 成为纳米团聚体间稳定互连的中间介质。因此, Cu 纳米团聚体的低温烧结性能要远优于 60 nm 以上 Cu

纳米颗粒的。

基于 Cu 纳米团聚体的 Cu–Cu 键合机理与 3.1 节所述键合机理类似, 本节不再赘述。

3.5　小结

Cu、Ag 材料因其优异的导电性、导热性及抗电迁移能力, 通常被视为高性能互连材料。然而, 由于 Cu、Ag 材料的高熔点, 导致其无法满足半导体封装的工艺执行温度要求, 制约了其应用。本章主要针对基于 Cu 纳米焊料的 Cu–Cu 键合展开, 并以纳米晶体材料的尺度效应为主线, 讨论了一系列降低键合温度、提高键合性能的方法。具体研究内容及结论如下:

(1) 合成了平均尺度为 100 nm 的 Cu 纳米颗粒, 提出了用 Cu 纳米颗粒制备 Cu 纳米焊料并降低 Cu–Cu 键合温度的方法。当烧结温度上升至 350 ℃ 以上时, 熔合现象明显, 键合缺陷减少, 焊料与 Cu 基底间也产生了充分的扩散, 可获得 20 MPa 以上的剪切强度, 满足使用需求。

(2) 结合纳米晶体材料的尺度效应, 提出了用更小尺寸的 Cu 纳米颗粒进一步降低 Cu–Cu 键合温度的方法。合成了均匀分散、高纯度、平均粒径大小在 60 nm 左右的 Cu 纳米颗粒, 并在 300 ℃ 下实现了强度高达 31.88 MPa 的 Cu–Cu 键合。

(3) 利用同等尺度下 Ag 纳米颗粒更优异的烧结特性, 将 70 nm Ag 纳米颗粒与 60 nm Cu 纳米颗粒混合, 制备出以 Cu 为主要成分的 Cu–Ag 混合纳米焊料, 在 250 ℃ 下实现了剪切强度高达 25.41 MPa 的 Cu–Cu 键合, 在提升低温 Cu–Cu 键合性能的同时, 还保证了比纯 Ag 更低的使用成本, 展现出更好的应用前景。

(4) 合成了尺度在 5 nm 左右的极细 Cu 纳米颗粒, 并用 DMAC 使 Cu 纳米颗粒产生团聚, 形成 5 nm 极细 Cu 纳米颗粒在表面均匀附着的 Cu 纳米团聚体结构, 解决了极细 Cu 纳米颗粒难以收集且纯度难以保证的问题。使用新颖的 Cu 纳米团聚体结构, 在 250 ℃ 以下实现了强度高于 20 MPa 的高质量 Cu–Cu 键合, 取得了较大进步, 对今后纯 Cu 纳米焊料在封装技术中的进一步研究具有极强的指导意义。

第 4 章　基于自蔓延反应的 Cu–Cu 键合技术

目前，常用的 Cu–Cu 键合工艺普遍需要较高的工艺温度和较长的键合时间，这通常会对其他组件造成不可恢复的热破坏，也可能会在键合界面处导致严重的应力集中。因而，开发高效、可靠的低温 Cu–Cu 互连键合技术迫在眉睫。

目前，降低键合温度通常有两种方式：一种是直接利用熔点更低的金属材料制成焊料，如 In、Bi 等，或者采用能在较低温度下生成合金化合物的二元金属体系，如 Sn–Cu、Au–Sn 等；另一种是低温 Cu–Cu 键合方法，即采用局部加热的方式，将一定的热量限制在键合界面处，只加热界面处的材料，尽可能地将对键合界面以外组件的热影响降到最低。

4.1　基于单层 Sn 焊料的 Cu–Cu 自蔓延反应键合

为了研发一种高效的低温 Cu–Cu 键合互连工艺，本节以高纯 Cu 片作为键合基底、电镀单层 Sn 作为焊料，利用电火花引燃 Al/Ni 反应膜做为局部热源，在 5 MPa 左右的压力下实现 Cu–Cu 的室温键合。本节将系统研究不同厚度的 Sn 镀层对 Cu–Cu 键合界面元素的扩散分布、组成成分与分布以及组织和性能的影响，优化 Sn 镀层厚度设计以获得较佳的 Cu–Cu 键合界面，为开发高效可靠的低温 Cu–Cu 键合工艺奠定基础。

4.1.1　样品制备及实验方案

4.1.1.1　实验材料与设备

1. 实验材料

实验中所用的原材料包括 Cu 基底、自蔓延反应薄膜、Sn 电镀液、4N 纯度的 Sn 阳极板，以及清洗过程中所使用的国药集团化学试剂有限公司生产的 HCl、酒精溶液等。Cu 基底采用的是广东先艺电子科技有限公司生产的 5 mm×5 mm×0.5 mm 和 10 mm×10 mm×0.5 mm 的高纯薄 Cu 片 (纯度为 4N)，其物理特征参数如表 4.1 所示；自蔓延反应薄膜采用美国 Indium 公司生产的 25 mm×25 mm 的 NF40 型 Al/Ni 纳米箔，其物理特征参数如表 4.2 所示；Sn 电镀液采用上海新阳半导体材料公司生产的凸点镀 Sn 电镀液，其主要成分如表 4.3 所示。

表 4.1　高纯 Cu 片的物理特征参数

成分/(wt.%)	熔点/°C	电阻率/($\mu\Omega \cdot m$)	热导率/(W/m · K)	密度/(g/cm³)
Cu (≥99.99)	1 083	0.017 2	401	8.96

表 4.2　NF40 Al/Ni 纳米箔的物理特征参数

反应后成分	密度/(g/cm³)	放热量/(J/g)	反应速率/(m/s)	最高温度/°C	总厚度/μm	单分子层厚度/nm
Al50Ni50	5.6 ~ 7.1	1 150	8	1 350	40	Al 为 60, Ni 为 40

表 4.3　Sn 电镀液的主要成分

	主要成分		
	Sn (CH_3SO_3)$_2$	CH_3SO_3H	添加剂
含量/(g/L)	236	180	50

镀液中各组分的作用简述如下：Sn (CH_3SO_3)$_2$，作为电镀液的主盐其主要作用是提供 Sn^{2+}，高的主盐浓度可以提高溶液的导电性和电流效率，沉积速度快，但是容易导致镀层晶粒粗大，需根据目标要求进行调控；CH_3SO_3H，其主要作用是提高导电性，有利于深层电镀能力的提高，但是会降低主盐和活化剂的溶解度，因而浓度不能太高；添加剂，通常包含很多种，如加速剂、平坦剂和抑制剂，其中加速剂和抑制剂的平衡使用可调控 Sn^{2+} 在阴极表面的沉积速率，而平坦剂主要是用于调控电镀层的平整度。

配制完电镀液后，需要先进行激活，即在 0.1~0.5 ASD[①] 的电流密度下进行激活电镀，通常需要激活 2~3 h。在 3 ASD 下，Sn^{2+} 的沉积速率约为 1 μm/min，因

[①] 1 ASD=1 A/dm², 后同。

而本研究中统一采用 3 ASD 进行 Sn 的电镀。在正式电镀前一般先采用 0.1 ASD 进行预电镀, 以提高电镀效果。

2. 实验设备

实验中所用到的设备包括电磁搅拌机、KQ-50E 型超声波清洗器、自制简易电镀装置、恒流电源、桌面式压力机、直流电压源、针状电极、Ecomet300/Automet 300 自动研磨抛光机、FEI 公司的 Nova Nano FESEM 450 场发射扫描电子显微镜、Shimadzu (岛津) 公司的 SPM9700、Dage 4000 plus 高速推拉力测试机、干燥箱等。

4.1.1.2 实验方案

1. Cu-Cu 自蔓延反应键合结构的制备

本研究采用自蔓延反应连接工艺对 Cu 基底进行键合, 其工艺流程如图 4.1 所示。主要步骤如下:

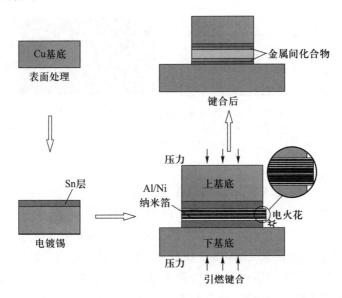

图 4.1 镀 Sn 的 Cu 基底的自蔓延反应键合工艺流程

(1) Cu 基底表面存在复杂的污染层 (有机物与其他吸附) 和氧化膜, 这将严重影响键合质量, 因此首先需要用丙酮对待键合的 Cu 片表面进行清洗, 以去除其表面污渍, 随后将 Cu 片浸渍在体积分数为 10% 的 HCl 溶液中超声清洗 15 min, 以去除其表面氧化层, 样品经清水冲洗后再用压缩空气吹干, 从而最终得到干净新鲜的 Cu 表面。

(2) 将经过清洗的 Cu 基底以导电胶带固定在阴极板上, 在 100 r/min 的搅拌速度下进行电镀以减少镀层气孔的产生。先采用 0.1 ASD 的电流密度预电镀 1.5 min, 之后再采用 3 ASD 的电流密度进行电镀, Sn 电镀的工艺示意图如图 4.2 所示。通过控制电镀时间在 Cu 基底表面镀上不同厚度的 Sn 层作为焊料, 本研究中设置了

1 μm、2 μm、3 μm、4 μm、5 μm、6 μm、7 μm 7 个厚度, 以研究不同厚度的 Sn 镀层对键合结构的影响。

(3) 将 Al/Ni 纳米箔夹在两个 Cu 基底 (镀有 Sn 层的一侧向内) 之间, 形成 "三明治" 结构, 将接在 15 V 恒压电源的针状电极接触 Al/Ni 纳米箔的边缘, 引燃反应以实现键合;

(4) 后处理。对完成键合后的接头结构进行必要的后处理以清除纳米箔的反应残渣。

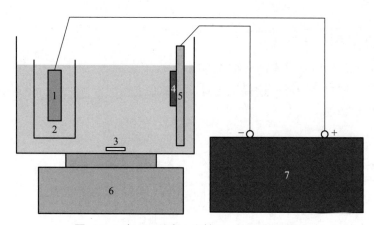

图 4.2　在 Cu 基底上电镀 Sn 的工艺示意图
1—紫铜阳极; 2—阳极袋; 3—搅拌子; 4—待镀样品; 5—阳极卡座; 6—磁力搅拌器; 7—恒流电源

2. Cu–Cu 自蔓延反应键合结构的性能测试

Cu–Cu 自蔓延反应键合结构的剪切性能均按照球栅阵列 (BGA) 凸点剪切强度测试标准 (JEDEC JESD22–B117A) 进行测试。本研究中选择宽度为 6 mm 的 ZS100KG 推头进行剪切强度的测试: 如图 4.3 所示, 首先将键合好的结构放置在测试机的阶梯形载物台的底层台阶上, 并使下基底 Cu 片的一边与台阶侧壁贴合; 其次通过观察孔调整推头的位置, 使其与上基底 Cu 片的另一侧贴合并完全覆盖; 然后根据测试标准设置测试参数, 本研究中采用 100 μm 的剪切测试高度和 40 μm/s 的加载速率; 最后将推头中心线调整至与上基底中心重合, 开始加载, 使推头的推力持续增大, 直到上基底 Cu 片与下基底剥离, 此时的最大加载力即为其剪切力。每组测试 6 个样品, 每次测试结果误差不应超过 5 %, 取平均值, 则结合键合面积即上基底与下基底的重合面积, 可计算出该组的剪切强度。

为了评估 Cu–Cu 自蔓延反应键合结构的可靠性, 按照 IPC–SM–785(*Guidelines for Accelerated Reliability Testing of Surface Mount Solder Attachments*) 标准制定时效实验参数: 时效实验的温度为 150 °C; 采用烘箱进行高温时效处理, 并且选取一组 Sn 镀层厚度的样品在 150 °C 下进行不同时间的高温时效处理, 时间设置为 50 h、100 h、200 h。经过时效实验后的键合结构同样通过镶嵌、研磨、抛

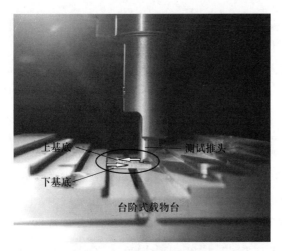

图 4.3 剪切强度测试示意图

光等工艺制备成标准金相样品, 然后在扫描电子显微镜下观察其键合界面的组织结构, 并测试其剪切强度的变化。

3. 其他分析手段

微观扫描分析: 选取不同焊 Sn 层厚度的 Cu-Cu 自蔓延反应键合结构, 进行截面微观分析, 由于样品很薄, 难以直接对截面进行研磨抛光, 需要进行镶嵌制样。参考标准的金相制样过程, 采用购买的商用冷镶料对键合后的样品进行镶嵌制样, 然后通过自动研磨机, 依次采用 400#、500#、600#、800# 及 1 000# 金相砂纸进行研磨抛光。由于镶嵌料采用的是酚醛树脂, 导电性很差, 在进行扫描电镜观测前需要进行表面喷金或者喷铂处理, 然后用碳导电胶带将样品固定于观测台上进行观察和分析, 其中碳导电胶带的一端与镶嵌样上表面的样品边缘接触。本研究采用 Nova NanoFESEM 450 场发射扫描电子显微镜 (FESEM) 及其附带的 EDX 能谱仪来分析键合结构界面的微观形貌和组织, 并检测其区域成分及元素分布。

4.1.2 Sn 镀层厚度对 Cu-Cu 自蔓延反应键合工艺的影响

用于 Cu-Cu 自蔓延反应键合的 Sn 镀层要有一定的厚度: 一方面要保证有足够的 Sn, 以充分地填充气孔、缩松等缺陷, 从而提高键合结构的致密度和可靠性; 另一方面可以形成足够厚度的金属间化合物 (IMC) 层, 保证键合界面具有足够的机械强度。但过厚的 Sn 镀层不仅会增加成本, 在细间距的互连键合应用时还容易被挤出而导致短路。因此, 在结合自蔓延反应连接进行低温 Cu-Cu 键合时, 在保证键合结构综合性能的前提下, 应优先选择低的 Sn 镀层厚度。

4.1.2.1 Sn 镀层厚度对键合结构形貌和成分的影响

在 Cu-Cu 自蔓延反应键合过程中, Sn 镀层的厚度非常重要, 适当的 Sn 镀层厚度可提供充足的 Sn 焊料。Al/Ni 纳米箔被引燃后会释放大量的热量, 使 Sn 焊料熔化, 从而流动并填充孔隙, 减少和避免了孔洞等缺陷的形成, 最终得到无缺陷或者少缺陷的高质量键合结构。

采用成熟的大规模商用的凸点镀 Sn 溶液原料, 以模拟实际生产状况, 在室温下进行电镀。在 3 ASD 的电流密度下, 采用相同的预电镀和电镀参数, 在 Cu 基底分别电镀不同厚度 (1 μm、2 μm、3 μm、4 μm、5 μm、6 μm、7 μm) 的 Sn 镀层。在键合前, 对 Sn 电镀层的表面和截面形貌进行了观察, 如图 4.4 所示。由 4.4a 所示的 Sn 镀层的横截面形貌图可以看出, Sn 镀层比较致密平整, 只有少量的气孔存在, 图 4.4b 所示的 Sn 镀层表面形貌图也证实了这一点。另外, 还采用原子力显微镜 (AFM) 对 Sn 电镀层的表面进行了观察, 得其粗糙度为 142 nm, 如图 4.4c 所示。由上可知, Sn 镀层的表面形貌并不随厚度的变化产生明显变化, 故不再详细讨论。

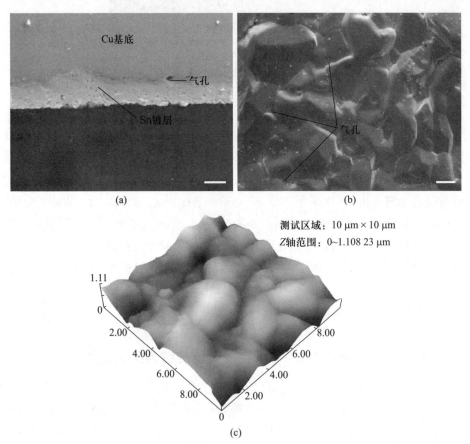

图 4.4　1 μm Sn 镀层形貌: (a) 横截面 FESEM 图; (b) 表面 FESEM 图; (c) 表面 AFM 图

参考标准的金相制样过程, 键合后的样品经过镶嵌制样后, 采用自动研磨机进行研磨抛光。通过背散射模式下的 FESEM, 可以清晰地观测键合结构的横截面, 尤其是各界面处的形貌、结构、缺陷数量与分布。先在 10 kV 的束压下进行低倍 (2 500 倍) 观察, 从而宏观而全面地观测键合结构的整体质量。再对 7 组样品进行仔细的观察 (5 000 倍), 但是并不是每一组都有明显的变化, 因此本节只给出具有代表性的能展现变化趋势和规律的 4 组, 即当 Sn 镀层厚度为 1 μm、4 μm、6 μm、7 μm 时键合结构横截面的 FESEM 观测结果, 分别如图 4.5a、b、c 和 d 所示。

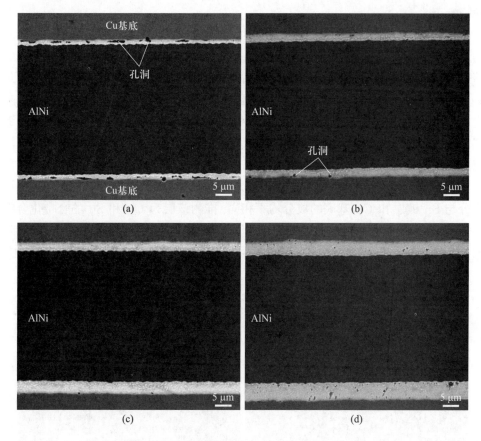

图 4.5　5 000 倍下键合样品的横截面形貌图: (a) 1 μm; (b) 4 μm; (c) 6 μm; (d) 7 μm

从图 4.5 中可以清晰地看出键合界面的各成分区域: 中间一层厚厚的黑色层为 Al/Ni 纳米箔反应后的产物; 而紧邻其两侧的很薄的白亮层为 Sn 镀层; 最外侧的浅灰色层为 Cu 基底。如图 4.5a 所示, 当 Sn 镀层仅为 1 μm 厚时, 在白亮的 Sn 镀层内可以发现比较多的且尺寸较大的黑色孔洞和短裂纹等缺陷。我们认为, 这些缺陷的产生是由于键合过程中没有足够熔化的 Sn 来流动填充由收缩而形成的孔隙。随着 Sn 镀层厚度的增长, 短裂纹孔隙得到了填充而逐渐消失, 孔洞也因为得到了更多的填充, 不仅数量显著减少, 尺寸也逐渐缩小。由图 4.5b 可以看到, 当 Sn 镀层的厚度增加到 4 μm 时, 键合结构的整个截面很光滑, 几乎看不到缺陷, 只有零星的几处微小孔洞缺陷。但是随着 Sn 镀层厚度的继续增加, 这些微小孔洞并没有完全消除。如图 4.5c 和 d 所示, 当 Sn 镀层的厚度增加到 6 μm 和 7 μm 时, Sn 镀层内仍然有零星的微小孔洞缺陷, 与 Sn 镀层厚度为 4 μm 时得到的键合界面质量一致。

本节研究以 Sn 镀层为中心，对单侧键合结构进一步放大，在更高的分辨率下进行观察，从而进一步了解到 Sn 镀层与 Cu 基底和 Al/Ni 纳米箔的界面及其附近缺陷分布。

从图 4.6 的高倍放大图中可以更清晰地看到 Sn 镀层内部的孔洞、裂纹等缺陷的形貌与分布，从而以进一步确认：当 Sn 镀层较薄时，由于只有少量的 Sn 会产生熔化并流动，因而并不能充分有效地填充孔洞和裂纹缺陷；当 Sn 镀层的厚度不足 4 μm 时，不仅孔洞和裂纹等缺陷的数量随着 Sn 镀层厚度的增加而减少，尺寸也随之缩小，当 Sn 镀层厚度增加到 4 μm 时，只存在极少量的微小孔洞缺陷；当 Sn 镀层的厚度超过 4 μm 时，微小孔洞缺陷并无法完全消除和避免。从图 4.6c 和 d 可以发现，这些微小孔洞缺陷主要存于 Sn 镀层和 Cu 基底之间的一层浅灰色的薄层中，颜色介于 Sn 层和 Cu 基底的颜色之间。根据背散射模式的成像原理，该层成分与 Sn 镀层和 Cu 基底的成分均不相同，推测该层为 Cu 和 Sn 的合金化合物层，而这些微小孔洞则是由 Sn–Cu 合金化合物形成过程中所引起的体积收缩导致的。另外，还可以清晰地看到，在 Sn 镀层/AlNi 界面处存在数量不少的亮白颗粒，

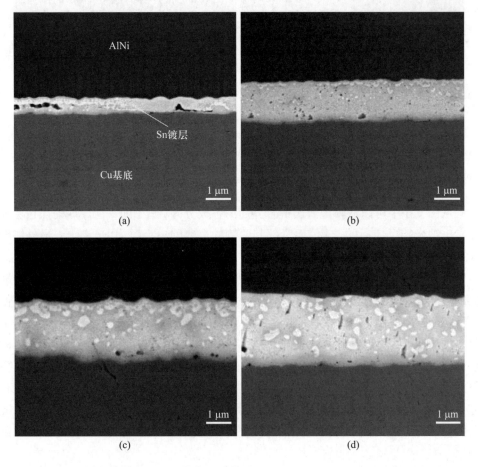

图 4.6　15 000 倍下键合界面的横截面形貌图: (a) 1 μm, (b) 4 μm, (c) 6 μm, (d) 7 μm

这些颗粒随 Sn 层厚度的增加不再聚集于 Sn 镀层与 Al/Ni 纳米箔的界面, 而逐渐向 Sn 镀层的另一侧也就是 Sn 镀层/Cu 基底的界面扩散。这些现象都与键合过程中 Sn 镀层与与相邻材料之间的反应有关。祝温泊等在对 Cu 基底进行连接时, 研究了在 Cu 基底与 Al/Ni 纳米箔之间插入的 10 μm、20 μm、30 μm 3 组不同厚度的纯 Sn 焊片对键合质量的影响, 发现当 Sn 层过厚时, 在 Sn 焊料层和 Cu 基底的键合界面处反而产生了更多的孔洞和裂纹缺陷 (zhu 等, 2014)。在一定的厚度范围内, Sn 层厚度的增加可以产生更多的熔化 Sn 用以填充孔洞和裂纹, 从而减少缺陷的数量并减小其尺寸; 然而, 当 Sn 层超过一定厚度时, 随 Sn 层厚度的继续增加, 孔洞并不会完全消除。一方面我们需要越来越多的热量来熔化这些 Sn, 另一方面却增加了从 Al/Ni 纳米箔到 Sn 镀层/Cu 基底界面的传热距离和热损耗, 间接导致 Sn 镀层/Cu 基底界面处的温度降低, 这些都使得孔洞得不到完全有效的填充。总的来说, Sn 镀层的厚度对键合接头的完整性特别是缺陷的形成与控制有着极大的影响, 在 Al/Ni 纳米箔自身反应释放的热量固定且放热迅速高效的情况下, Sn 镀层厚度的控制愈发重要。

通过图 4.5 和图 4.6, 我们对键合结构横截面的微观结构和形貌已经有了充分的了解, 但是对于图 4.6 中观察到的亮白色颗粒和 Sn 镀层/Cu 基底之间的浅灰色薄层的成分, 却并不十分清楚, 因此需要结合 EDX 能谱分析来确定二者的成分和元素分布。为了更准确地了解二者的成分, 本节对多个亮白色颗粒以及在浅灰色薄层内的多个位置取点进行点成分分析。通过对键合结构的整个横截面进行线扫描元素分析, 可进一步验证各区域的成分。以 4 μm 厚的 Sn 镀层的键合结构为例, 其各层具体成分和元素分布如图 4.7 所示。

图 4.7a 中, 可以清楚地观察到黑色的 Sn 镀层、深灰色的 Cu 基底以及二者之间扇贝状的浅灰色层。在浅灰色层的不同位置处进行原子百分数测定, 然后对各点元素含量取平均值, 得到的结果表明: 在与 Cu 基底相邻的浅灰色层中, Cu 和 Sn

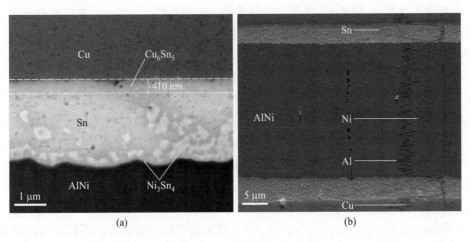

图 4.7 4 μm 厚 Sn 镀层的键合结构的成分和元素分析: (a) 合金化合物; (b) 线扫描元素分析

元素的原子百分数分别约为 54 at.% 和 46 at.%，即在该浅灰色层中 Cu 和 Sn 原子的原子比为 6:5，这与常见的 Sn-Cu 金属间化合物 Cu_6Sn_5 的原子组成非常吻合。因此，该层被确定为 Cu_6Sn_5 金属间化合物层，厚度约为 410 nm。同样地，通过对 Sn 镀层内的多处亮白色颗粒进行点成分测定，测量结果表明其组成元素为 Ni 和 Sn 两种元素，并且二者的原子比约为 3:4，由此这些亮白色颗粒被确定为金属间化合物 Ni_3Sn_4。

在自蔓延反应键合的过程中，键合界面温度可高达 1 000 ℃ 以上，Sn 焊料熔化为液态，Cu 基底和液态 Sn 焊料之间形成固-液界面，在 Cu 基底向液态 Sn 焊料扩散溶解的同时，液态 Sn 也在向 Cu 基底进行扩散。Cu 基体在液态 Sn 焊料中的扩散溶解过程可以分为两个阶段：第一阶段是 Cu 基底/Sn 层界面处的液态 Sn 和固态 Cu 之间的润湿与原子交换；第二阶段是界面处被溶解的 Cu 原子从 Cu 基底/Sn 层界面向液态 Sn 焊料继续扩散迁移。在 Sn 和 Cu 的互扩散中，以 Cu 原子的扩散迁移为主。虽然在扩散边界层流动着的液态 Sn 可以促进溶解的 Cu 的扩散，但由于自蔓延反应键合的时间极短，Cu 原子的扩散距离较短，只在界面附近处 Cu 含量可达到其在液态 Sn 中的极限溶解度，形成富 Cu 区，然后以 IMC 的形式析出。

本节进一步对键合结构的横截面进行了线扫描元素分析，得到 Al、Ni、Cu 和 Sn 这 4 种元素的分布曲线，如图 4.7b 所示。通过元素分布曲线，可以观察元素的含量变化，并确定包括 IMC 层的各层的成分组成。结果表明，Al 和 Ni 元素主要存在于 Al/Ni 纳米箔的反应物层，接近 Sn 镀层/AlNi 界面时，Al 和 Ni 元素的含量急剧减少。同时，在距离 Sn 镀层/Cu 基底界面一定距离处，检测到大量 Cu 和 Sn 元素的存在，这也验证了 Sn-Cu 金属间化合物层的组成。在 Sn 镀层的中部，Sn 元素的含量较高，被看作残留 Sn。这些结果基本与图 4.7a 所示的分析结果一致。

4.1.2.2　Sn 层厚度对 IMC 的影响

键合界面处的 IMC 对键合质量有着至关重要的影响，在一定程度上决定了键合强度、耐高温等性能，是键合工艺研究的重点对象。因而本节进一步以 IMC 的厚度为研究对象，探讨 Sn 镀层厚度对 IMC 厚度的影响。基于背散射模式下的高分辨率图，可通过 Adobe Photoshop 软件清晰地识别这些灰度 FESEM 图像中不同层之间的界面，再利用图像分析仪定量拟合 IMC 区域的面积，将 IMC 的面积除以界面长度，即可测得 Sn 镀层/Cu 基底界面处的 IMC 层的厚度。根据前面的 EDX 分析，Cu 和 Sn 的原子比为 6:5，确定了 Sn 镀层/Cu 基底界面处的 IMC 层即为 Cu_6Sn_5。本节对 Sn 镀层厚度为 1 μm、4 μm、6 μm、7 μm 的 4 组 Cu-Cu 键合结构的 Sn 镀层/Cu 基底界面处的 Cu_6Sn_5 进行了厚度测量，结果如图 4.8 所示。

在图 4.8 中，Cu、IMC、Sn 和 AlNi 层及相邻层的界面清晰可辨，Cu_6Sn_5 层的厚度也用两条平行的虚线标示出。经过测量，当 Sn 镀层厚度为 1 μm、4 μm、

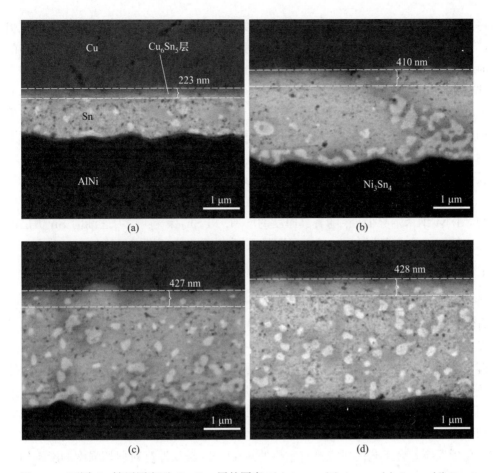

图 4.8 不同 Sn 镀层厚度下 Cu_6Sn_5 层的厚度: (a) 1 μm; (b) 4 μm; (c) 6 μm; (d) 7 μm

6 μm 和 7 μm 时, 对应的在 Sn 镀层/Cu 基底界面处的 Cu_6Sn_5 层的厚度分别为 223 nm、410 nm、427 nm 和 428 nm。此外, 还可以观察到 Sn 镀层中大量存在的 Ni_3Sn_4 颗粒。

当 Sn 镀层的厚度从 1 μm 增加到 4 μm 时, Cu_6Sn_5 层的厚度从 223 nm 快速增加到 410 nm; 随 Sn 镀层厚度的继续增加, 到 6 μm 时, Cu_6Sn_5 层的厚度只表现出微弱的增长, 仅从 410 nm 增加到 427 nm; 当 Sn 镀层的厚度继续增加到 7 μm 时, Cu_6Sn_5 层的厚度约为 428 nm, 几乎没有变化。显然, 上述键合后生成的 IMC 的厚度虽然远低于 Cu–Sn–Cu 结构回流焊后 IMC 的厚度, 但是相对于毫秒级的键合反应时间, Cu_6Sn_5 层的生长速度是很快的, 这是因为在键合过程中 Al/Ni 纳米箔释放的瞬间高热使键合界面处的温度高达 1 000 ℃, 远高于回流焊的温度, 因而极大地促进了 Cu 和 Sn 之间的扩散以及 Cu_6Sn_5 层的生长。

当 Sn 镀层较薄时, 随着其厚度的增加, 在 Sn 镀层/Cu 基底界面处越来越多的 Sn 与键合基底扩散出的 Cu 原子发生反应, 使 Cu_6Sn_5 层的厚度大幅增加; 当 Sn 镀层的厚度超过 4 μm 时, Cu_6Sn_5 层随 Sn 镀层的增厚而缓慢增长, 直至 Sn 镀层厚度增加到 6 μm, 此时 Cu_6Sn_5 层的厚度趋于稳定。这是由于 Al/Ni 纳米箔被引燃后, 在很短的时间内释放出热量, 键合过程也在很短的时间内完成, 没有更多的时间可供 Cu 和 Sn 继续反应而转化成 Cu_6Sn_5; 而且, Al/Ni 纳米箔释放出的有限热量并不能为 Cu 和 Sn 反应成 Cu_6Sn_5 提供无限的能量, 而且随着 Sn 镀层厚度的增加, Sn 镀层/Cu 基底界面距离热源 (Al/Ni 纳米箔) 的距离增大, 传导至该界面处的热量也愈发有限。因此, 对于放热量一定的 Al/Ni 纳米箔, 在一定厚度范围内 Cu_6Sn_5 金属间化合物层的厚度随 Sn 镀层厚度的增长而增大, 但当 Sn 镀层增长到一定厚度后, Cu_6Sn_5 金属间化合物层的厚度不再增加。

另一方面, 当 Sn 镀层较薄时, Ni_3Sn_4 颗粒的生成量较少, 且多分布在 Sn 镀层与 Al/Ni 纳米箔界面处; 随着其厚度的增加, Ni_3Sn_4 颗粒增多, 逐渐向 Sn 镀层的另一侧也就是 Sn 镀层/Cu 基底界面扩散迁移, 分布也逐渐变得均匀。

4.1.2.3　Sn 层厚度对剪切强度的影响

对于键合工艺, 键合结构的机械性能无疑是重要的评估指标之一, 它决定了键合结构在使用过程中的可靠性。如果机械强度比较低, 在使用过程中键合结构容易发生断裂失效。在实际服役过程中, 断裂失效通常是在剪切力的作用下发生的, 是键合结构失效的主要形式之一, 因此剪切强度测试也成为目前广泛采用的机械强度评估方法。在本研究中, 根据凸点剪切强度测试标准 JEDEC JESD22-B117A, 采用标准的多功能推拉力机来提供剪切力, 以测试 Cu-Cu 自蔓延反应键合结构的剪切强度, 从而更准确、直观地研究 Sn 镀层厚度对剪切强度的影响, 这对于 Cu-Cu 自蔓延反应键合工艺的研究具有重要的意义。Sn 镀层厚度对剪切强度的影响如图 4.9 所示。

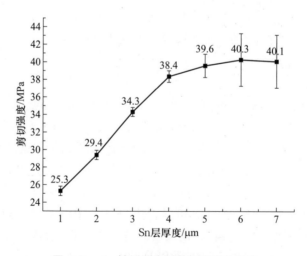

图 4.9　Sn 镀层厚度对剪切强度的影响

根据图 4.9, 总体上可以得出: 当 Sn 镀层的厚度在 1~4 μm 时, 剪切强度曲线呈直线上升趋势, 剪切强度显著增加; 当 Sn 镀层的厚度超过 4 μm 时, 剪切强度增速急剧降低并开始趋于稳定; 当 Sn 镀层厚度为 6 μm 时, 剪切强度达到稳定。不难发现, 当 Sn 镀层的厚度仅为 1 μm 时, 剪切强度最低, 仅有 25.3 MPa, 参考图 4.5a 和图 4.6a 所示的微观组织形貌, 推测这可能是由键合界面特别是 Sn 镀层处存在较多的缺陷如孔隙和裂纹造成的。随着 Sn 镀层厚度的增大, 剪切强度急剧增大, 在 Sn 镀层厚度为 4 μm 时, 剪切强度高达 38.4 MP。本节研究结果表明, 剪切强度的急剧增加是由于 Sn 镀层厚度的增加可以产生更多的熔融液态 Sn, 可更多地填充于孔洞和裂纹中, 从而显著地减少键合界面处的孔洞和裂纹缺陷, 提高键合界面的致密度, 大幅度地提高剪切强度。然而, 当 Sn 镀层厚度超过 4 μm 时, 剪切强度曲线迅速趋于平缓, 剪切强度增加缓慢, 在 Sn 镀层增加到 6 μm 时, 剪切强度只增加了 1.9 MPa, 达到 40.3 MPa。一方面, 由图 4.5 和图 4.6 可知, 当 Sn 镀层厚度超过 4 μm 时, 孔洞等缺陷已极少, 但并不会被完全消除, 因而致密度不再提高, 达到了稳定状态, 使得剪切强度曲线趋于平缓; 另一方面, 图 4.7 中所示的 Cu_6Sn_5 层的生长速度也大幅降低, 仅呈现微弱的增长, 因而推测当 Sn 镀层增加到一定厚度时, 键合结构的致密度达到稳定, 这时剪切强度值主要受 Cu_6Sn_5 层生长的影响。当 Sn 镀层厚度继续从 6 μm 增加到 7 μm 时, 剪切强度没有任何提高, 与 Cu_6Sn_5 层厚度的稳定化相吻合, 表明不断增厚的 Sn 镀层并不会无限地促进 Cu_6Sn_5 层的形成与生长, 进一步表现为对剪切强度提高的局限性。祝温泊等也做了类似的工作, 将 SPRJ 工艺用于 Cu–Cu 连接, 研究中通过在待焊 Cu 片和 Al/Ni 纳米箔之间插入 10 μm、20 μm、30 μm 3 种不同厚度的纯 Sn 焊片来实现连接, 得到的最大的剪切强度值为 32 MPa (Zhu 等, 2014)。他们发现, 在最大的 Sn 焊片厚度下, 剪切强度并不是最高的, 而是在 Sn 焊片厚度为 20 μm 时得到了缺陷少、致密度高的连接结构。而在本节研究中, 当 Sn 镀层厚度分别为 3 μm、4 μm、6 μm 和 7 μm 时, 对应的剪切强度值分别为 34.3 MPa、38.4 MPa、40.3 MPa 和 40.1 MPa, 均高于 32 MPa。总的来说, Sn 镀层的厚度对于形成高质量的连接是至关重要的, 且主要取决于 Cu_6Sn_5 层厚度和缺陷的改善, 而当 Sn 镀层的厚度达到一定程度后, Cu_6Sn_5 层的厚度则主要受 Al/Ni 纳米箔的热释放的制约。

4.1.2.4 Sn 层厚度对高温可靠性能的影响

随着使用过程中工作温度的不断升高, 较高的工作温度会明显促进原子间的互扩散, 进而会影响 IMC 层的生长, 对键合结构的成分和形貌产生较大的影响, 最终影响整个键合结构的性能及可靠性。为了在较短的时间周期内检验键合结构在工作环境下的可靠性, 通常需要采用加速实验的方法, 对其在高于工作环境的温度下进行保温处理。因而在当前键合工艺的发展趋势下, 研究高温时效处理对键合界面的组织以及力学性能的影响有着极其重要的意义, 进而为研究高温时效处理对键合工艺的可靠性的影响提供有力的参考。键合过程中 IMC 的生长有利于形成稳定可靠的键合, 但高温时效处理过程中 IMC 的生长却会影响整个键合结构的可靠性和寿命, 因而需要特别关注时效处理后 IMC 的变化。

为了研究时效处理对不同 Sn 镀层厚度的键合结构的影响, 本节首先对 Sn 镀层厚度为 1 μm、4 μm、6 μm 和 7 μm 4 组键合样品进行高温时效处理, 即在 150 ℃ 的温度下在干燥箱中保温 200 h; 然后对 Sn 镀层厚度为 4 μm 的键合样品进行高温时效处理, 在 150 ℃ 的温度下在干燥箱中保温 50 h、100 h 和 200 h。

1. 高温时效处理对键合界面形貌与组织的影响

同样按照标准的金相制样过程, 对经过高温时效处理的键合样品进行镶嵌制样、研磨抛光、表面喷金等处理, 然后利用场发射扫描电子显微镜 (FESEM) 的背散射模式, 在 4 000 倍下观测键合结构的横截面, 特别是 Sn 镀层及其与 Cu 基底和 AlNi 之间的界面的形貌和组织。经过高温时效处理后的 1 μm、4 μm、6 μm、7 μm 4 组键合样品的键合界面的 FESEM 观测结果如图 4.10 所示。

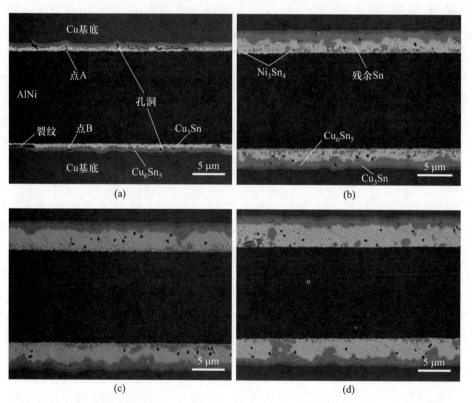

图 4.10　150 ℃ 时效处理 200 h 后键合样品的横截面形貌: (a) 1 μm; (b) 4 μm; (c) 6 μm; (d) 7 μm

对比时效前图 4.5 所示的键合界面的形貌和组织可以看出, 在 150 ℃ 的干燥箱中经过 200 h 的时效处理后, 各层结构和键合界面依旧清晰可见, Sn 镀层内白亮色的残余 Sn 层的厚度明显减小。对比发现, Sn 镀层厚度为 1 μm 时, 键合界面上的缺陷及其分布没有发生明显变化, 依然存在较多的孔洞和裂纹缺陷, 如图 4.10a 所示。在图 4.10b～d 中, 可以看到有较多的微小孔洞存在, 而其中大多数孔洞存在于残余 Sn 层, 在 IMC 层中只有少量的微小孔洞存在。推测 IMC 层中的这些孔洞是由 IMC 生成过程中的体积收缩产生的, 而 Sn 层内出现的孔洞则是由 IMC 层厚不均匀所导致的 Sn 层热扩散效率、原子迁移速率的不一致引起的。

另外还发现, 与图 4.5 所示相比, Sn 镀层/AlNi 层界面处的白亮色的 Ni_3Sn_4 颗粒的数量降低了且尺寸减小了, 也不再呈零散的分布, 而是集中地沿界面分布, 推测这是由高温时效处理过程中 Cu 原子显著向 Sn 镀层中扩散, 使得 Sn–Cu 金属间化合物不断向 Sn 镀层/AlNi 层界面扩展所导致的。

经过时效处理后, Sn 镀层/Cu 基底界面处的浅灰色 IMC 层的厚度表现出显著的增加, 这是由于在高温时效处理过程中, Cu 和 Sn 之间的扩散反应加剧, 促进了 IMC 在垂直方向上的生长, 表现为 IMC 层厚度的增加。不难发现, IMC 层靠 Cu 基底一侧的扇贝状界面逐渐趋于平缓, 从界面能的角度来说, 平坦的键合界面具有更小的表面积, 所具有的界面能也更低, 因而 IMC 层/Cu 基底界面的平坦化是向具有更低界面能的稳态转变的一种自发的过程, 另一方面时效处理过程中晶粒的长大也在会一定程度上造成界面的平坦化。与之相反, Sn 镀层内 IMC 层的前沿变得更加起伏不平, 这表明在时效处理过程中, IMC 不仅沿着垂直于键合界面的方向生长, 也表现出一定程度的横向生长。另外还发现, 经过了 200 h 的高温时效处理后, Sn 镀层厚度为 1 μm 时不再有残余 Sn 存在, Sn 镀层完全转变为 IMC, 对其进行 EDX 取点分析 (在图 4.10a 用方框标出), 测得靠近 Cu 基底的一侧 IMC (点 A) 的 Sn 和 Cu 的原子百分数分别为 23.38 at.% 和 76.62 at.%, 即 Sn 和 Cu 的原子比接近于 1:3; 而靠近 AlNi 层的一侧 (点 B) 的 Sn、Cu、Ni 原子百分数分别为 37.87 at.%、34.35 at.%、27.78 at.%, 符合 $(Cu, Ni)_6Sn_5$ 的原子比。因而可以认为, 当 Sn 镀层厚度为 1 μm 时, 残余 Sn 全部转成了 Cu_3Sn 和 Cu_6Sn_5。如图 4.10b~d 所示, 当 Sn 镀层厚度为 4 μm、6 μm、7 μm 时, Sn 镀层/Cu 基底界面处的 IMC 层内部开始出现分层, 靠近基底一侧出现了较薄的与图 4.10a 中 IMC 一致的、较 Cu_6Sn_5 层颜色较深的一层, 对其取点进行 EDX 分析, 得到的结果表明该层为 Cu_3Sn 层, 这也符合 Sn–Cu 金属间化合物的生成规律。从图中可以看到, Cu_3Sn 层比较平缓, 厚度比较均匀, 而 Cu_6Sn_5 层前沿起伏很大。

利用前述的 IMC 层厚度的测量方法, 测算出各组经过时效处理后 Sn 镀层/Cu 基底界面处 IMC 层的厚度。如图 4.10b~d 所示, Sn 镀层为 4 μm、6 μm、7 μm 的键合样品, 其对应的 Cu_6Sn_5 和 Cu_3Sn 层的厚度基本相同, 分别约为 1.6 μm 和 400 nm。可以看出, 时效处理过程中 IMC 层的生长并不受 Sn 镀层厚度影响, 而且二者的厚度都远低于其他文献中 Sn–Cu 键合结构经 150 ℃ 时效处理 200 h 后 IMC 层的生长程度 (Seo 等, 2009)。众所周知, 对于键合而言, 一定厚度的 IMC 层是键合强度的保证, 但是由于 IMC 层 (主要指 Cu_3Sn) 自身属于脆性相, 并且与基体性能差异较大, 在服役过程中容易因为变形不协调诱发应力集中, 影响整体的可靠性。无论是键合过程中 IMC 的形成与生长, 还是键合后时效处理过程中 IMC 层的生长, 相对于其他 Sn–Cu 结构的键合工艺, 均比较微弱, 具有更高的可靠性。

此外, 本节同样对 Sn 镀层厚度为 4 μm 的键合样品在 150 ℃ 下进行了不同时间的时效处理, 并对经过不同时效处理后样品的键合界面的组织和形貌进行了 FESEM 观察, 其结果如图 4.11 所示。

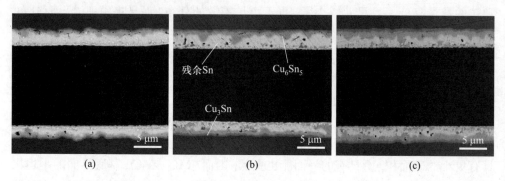

图 4.11 具有 4 μm Sn 镀层的键合样品经不同时效处理后的横截面形貌: (a) 50 h; (b) 100 h; (c) 200 h

与时效处理前的键合界面, 即图 4.5c 所示相比, 可以看出, 随着时效处理时间的增长, 图 4.11 中的 IMC 层的厚度也逐渐增大。如图 4.11a 所示, 在 150 ℃ 下时效处理 50 h 后, 浅灰色的 IMC 层并未出现分层, 即界面处 IMC 层依然为 Cu_6Sn_5; 而当时效处理时间延长到 100 h 以上时, IMC 开始出现分层, 为 Cu_6Sn_5 和 Cu_3Sn。利用同样的 IMC 测量方法, 可以测得不同时效处理时间下的 IMC 层总厚度的变化, 如图 4.12 所示。

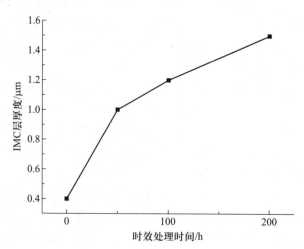

图 4.12 在 150 ℃ 及不同时效处理时间下的 IMC 层的厚度

由图 4.12 可以观察到, 在 150 ℃ 时效 200 h 后, IMC 层的厚度增加到 1.51 μm, 占据了 Sn 镀层厚度的 37.5%。如果继续延长时效处理时间, Sn 镀层将会完全转变成为 Sn−Cu 金属间化合物层, 这将对整个键合结构的可靠性产生严重的破坏, 因此需要对 IMC 的生长规律作进一步的分析。

通常情况下, IMC 层厚度与时间的关系可以用如下公式表示:

$$\delta(t) - \delta_0 = A \times t^n \times \exp[-Q/(RT)] \tag{4.1}$$

式中, A 为指前因子/阿伦尼乌斯常数; Q 为界面 IMC 的生长激活能, 单位为 J, 在温度变化范围比较小时可以视为常数; R 为气体常数 8.314 J/(mol·K); T 为绝对温度, 单位为 K; δ_0 为时效处理前界面 IMC 层的初始厚度; n 为时间常数; t 为时效处理的时间; $\delta(t)$ 为经过时间 t 的时效处理后 IMC 层的厚度。由于 A、Q、R、T 均为固定值, 可令 $k = A \times \exp[-Q/(RT)]$, k 称为 IMC 的生长速率系数, 因此式 (4.1) 可简化为

$$\delta(t) - \delta_0 = k \times t^n \tag{4.2}$$

式 (4.1) 和式 (4.2) 中的时间常数 n 与 IMC 层的生长机理有关, 通常 n 值在 $0.35 \sim 1.00$ 之间。按 n 值的大小, IMC 层的生长一般可以分为以下 3 种情形: 当 $n \approx 1$ 时, IMC 层的生长遵循线性生长模型, IMC 层的生长速率由焊料和待键合基底表面之间的反应速度来决定; 当 $n \approx 0.5$ 时, IMC 层的生长遵循抛物线生长模型, IMC 层的生长主要受原子扩散至 IMC 生成反应界面的速度的制约, 随着 IMC 层厚度的增长, 参与 IMC 生成反应的组分原子扩散至反应界面的距离也相应增大, 而且已经生成的 IMC 层对这些组分原子的扩散的阻碍也比较大, 这些都会显著地减缓或者阻碍 IMC 层的进一步生长; 当 $0.5 < n < 1$ 时, IMC 层的生长规律符合类抛物线生长模型, 此时界面处 IMC 层的生长为混合型生长, 不仅受界面反应速率的影响, 还受原子扩散速率的制约 (Vianco 等, 1994)。

继续对式 (4.2) 两边进行对数运算, 即

$$\ln[\delta(t) - \delta_0] = n \ln t + \ln k \tag{4.3}$$

设经过时间 t 的时效处理后, IMC 层的厚度增长量为 $\Delta\delta$, 即 $\Delta\delta = \delta(t) - \delta_0$, 则上式可以转换为 $\ln\Delta\delta = n \ln t + \ln k$。由此可得到 $\ln\Delta\delta$ 与 $\ln t$ 的线性关系, 如图 4.13 所示。按照一元线性回归拟合方法, 利用 Origin 绘图软件进行线性拟合, 拟合结果如图 4.13 中的直线所示, 这条直线的斜率即为 n 值, 因此得 $n = 0.5$。将 n 值代入式 (4.2), 可得

$$\delta(t) - \delta_0 = k \times t^{0.5} \tag{4.4}$$

由式 (4.4) 可知, Sn 镀层/Cu 基底界面处 IMC 层的厚度与时效时间的平方根呈线性关系, 这表明界面 IMC 的生长符合抛物线生长模型。在高温时效处理过程中, 一方面原子在固态材料中的扩散速率比较低, 另一方面键合界面处已生成的 IMC

层对原子的扩散具有较大的阻碍作用, 进一步限制了原子的扩散。因而, 在高温时效处理过程中, 键合界面 IMC 层的生长通常取决于参与其生成的原子在已生成的 IMC 层中的扩散迁移速率。

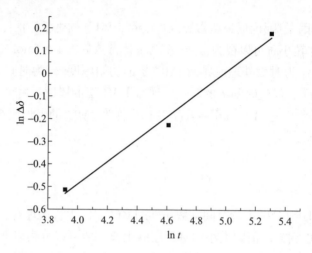

图 4.13　150 ℃ 时效处理时 $\ln \Delta \delta$ 与 $\ln t$ 的拟合曲线

由式 (4.4) 可知, IMC 层的厚度增长量 $\Delta \delta$ 与 $t^{0.5}$ 呈线性关系。对 $\Delta \delta$ 和 $t^{0.5}$ 进行一元线性拟合, 其斜率即为 k 值, 则 $k \approx 0.072$。由上可知, Cu–Cu 自蔓延反应键合结构在 150 ℃ 时效处理时, 其 IMC 层厚度与时效处理时间 t 的关系式为

$$\delta(t) - \delta_0 = 0.072 \times t^{0.5} \tag{4.5}$$

其他研究中也给出了 k 值, 如 Ma 等 (2003) 在 Sn–Cu–Cu 块体 "三明治" 结构研究中经计算得到了 Sn–Cu 金属间化合物的生长速率系数, 约为 0.48; 沈星等 (2013) 在 Cu 基片上电镀单晶 Sn 凸点结构, 经过回流焊工艺与失效处理后, 计算得到金属间化合物的生长速率系数, 约为 0.14。与上述相比, Cu–Cu 自蔓延反应键合结构的 Sn–Cu 金属间化合物的生长速率比较低, 推测是由 Ni 元素对 Cu、Sn 原子扩散的阻碍引起的。

2. 高温时效处理对键合结构剪切强度的影响

对经过时效处理后的键合样品进行了剪切强度测试, 得到了不同 Sn 镀层厚度下 Cu–Cu 自蔓延反应键合样品的剪切强度曲线, 如图 4.14 中的实线所示。

如图 4.14 所示, 7 组具有不同 Sn 层厚度的 Cu–Cu 自蔓延反应键合样品在 150 ℃ 下经过 200 h 的时效处理后其剪切强度均有所降低。这是由于时效处理会促使界面 IMC 层的生长, 较长时间的时效处理使得 IMC 层过厚。前文对界面 IMC 层的研究发现了 Cu₃Sn 的存在, 其塑性差, 属于脆性相, 使得键合结构的强度有所降低。从这 7 组键合样品剪切强度的变化趋势来看, 当 Sn 层厚度比较小时, 经过时效处理后的键合样品的剪切强度依然随 Sn 层厚度的增加而增加; 当 Sn 层厚度

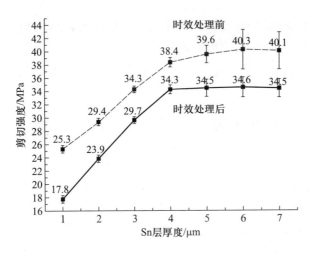

图 4.14 150 °C 时效处理 200 h 后不同 Sn 镀层厚度下键合结构的剪切强度

达到 4 μm 以上时, 剪切强度值开始趋于平衡, 最终稳定在 34 MPa 左右。不难发现, 经时效处理后的剪切强度基本与上文分析得到的界面 IMC 层厚度的变化规律一致。另外, 时效处理前后, 键合样品的剪切强度差值, 即强度损失, 在 Sn 镀层厚度为 4 μm 时最小, 约为 4.1 MPa。

本节也研究了当 Sn 层厚度为 4 μm 时, Cu–Cu 自蔓延反应键合样品在 150 °C 经不同时效处理时间后的剪切强度变化曲线, 如图 4.15 所示。

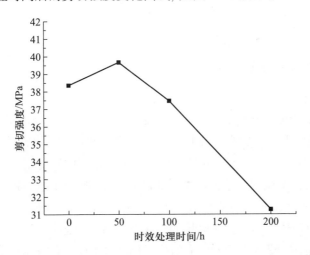

图 4.15 具有 4 μm Sn 镀层的键合样品在 150 °C 经不同时效处理时间后的剪切强度

可以看到, 在 150 °C 经历 50 h 的时效处理后, 键合样品的剪切强度有小幅的提升, 这是因为在较短的时效处理时间内, 界面处 IMC 层的主要成分依然为 Cu_6Sn_5, 并未出现恶性相 Cu_3Sn, 此时 IMC 层的增厚即为 Cu_6Sn_5 的生长。随着时效处理时间的增加, IMC 层继续增厚, Cu_3Sn 也开始出现, 于是剪切强度开始降低。

总的来说, 基于单层 Sn 镀层的 Cu–Cu 自蔓延反应键合结构在高温时效处理过程中, 界面处的 IMC 层的厚度会增加, 由体积收缩产生的微小孔洞也会增多, 经 200 h 的时效处理后会有恶性的 Cu_3Sn 相出现, 使得剪切强度显著降低。

4.2　基于交替多层薄膜焊料的 Cu–Cu 自蔓延反应键合

在微连接工艺中, 一方面 IMC 层的生成是实现连接的有效手段, 不仅为键合界面提供了较高的连接强度, 而且还为热的传导及电信号的传输提供了有效的通道, 因而 IMC 层的形成与生长对于键合结构的机械性能和可靠性具有重要的意义; 另一方面, 键合界面处的 IMC 层与基底和焊料层之间的性能差异较大, 部分属于脆性相, 塑性较差, 抗拉性能差, 而且在使用的过程中由于热量的累积, IMC 层会出现继续生长、厚度增大的现象, 导致使用过程变形不匹配并在界面处引起应力集中, 最终在变形量和应力足够大时导致键合结构的失效。总的来说, 有效地调节与控制 IMC 的形成与生长, 对于提高键合结构的性能至关重要。

受瞬时液相键合 (TLPB) 工艺的启发, 引入交替多层薄膜取代单层焊料层, 从而进一步控制和优化键合过程中界面 IMC 层的形成。Sn–Ni 和 Sn–Cu 体系的工艺温度较低, 耐高温性能好, 具有优良的综合性能, 因而得到了广泛的研究和应用。本节主要研究 Sn–Cu 和 Sn–Ni 与自蔓延反应连接工艺的配合。

4.2.1　样品制备与实验方案

4.2.1.1　实验材料与设备

1. 实验材料

本节主要采用的实验材料包括: 与 4.2 节中相同的高纯 Cu 片、NF40 Al/Ni 自蔓延反应薄膜, 上海新阳半导体材料公司生产的凸点 Cu 电镀液、Sn 电镀液和 Ni 电镀液, 4N 纯度的 Cu、Sn 和 Ni 阳极板, 清洗过程中所使用的 HCl、酒精溶液均采自国药集团化学试剂有限公司生产的试剂。Sn 镀液的主要成分已在前文列出, Cu、Ni 电镀液的主要成分分别如表 4.4、表 4.5 所示。

表 4.4 中, Cu^{2+} 为主盐, 在电场的作用下, 在阴极板及其上的待施镀的样品表面吸附并结晶析出, 较高的 Cu^{2+} 浓度可以提高电镀溶液的导电性和电镀效率, 但会导致 Cu 镀层晶粒粗大而降低其致密度, 其分散能力主要由 H_2SO_4 和 Cl^- 控制; H_2SO_4 可以提高电镀液的导电性, 一般情况下其含量升高可以使电镀液的深镀能力和分散能力得到相应的提高, 但是过高的浓度会降低 Cu^{2+} 的溶解度, 对电镀液的性能有比较大的影响; Cl^- 可以显著提高 Cu^{2+} 在电镀液中的分散性, 改善添加剂的性能, 提升电镀稳定性与均匀性; 310A 作为加速剂其主要作用是降低待电镀样品表面的电化学电位, 从而使该部位电镀速率加快; 310S 作为抑制剂与 Cl^- 共

表 4.4　Cu 电镀液的主要成分

主要成分	含量
Cu^{2+}	30 g/L
H_2SO_4	100 g/L
Cl^-	0.05 g/L
310A	1 mL/L
310S	7.5 mL/L
310L	5 mL/L

表 4.5　Ni 电镀液的主要成分

主要成分	含量
Ni^{2+}	30 g/L
H_2SO_4	100 g/L
Cl^-	0.05 g/L
310A	1 mL/L
310S	7.5 mL/L
310L	5 mL/L

同作用, 会首先在阴极板和待镀样品表面上形成一层连续的膜, 通过抑制电流抑制 Cu 的继续沉积, 而 Cl^- 的存在可以增强 Cu 表面抑制剂的吸附作用; 310L 作为平坦剂可以抑制吸附有平坦剂部位的电流, 抑制 Cu 的过度沉积, 从而有效地降低 Cu 镀层表面的起伏现象, 最终获得较好的平整的 Cu 镀层。

电镀液的配制与激活过程与前文一致。在 3 ASD 下, Sn^{2+}, Cu^{2+}, Ni^{2+} 的沉积速率均约为 1 μm/min, 因而本节统一采用 3 ASD 的施镀电流进行 Sn、Cu 和 Ni 的电镀, 电镀的操作步骤与前文一致。

2. 实验设备

实验中所用到设备包括电磁搅拌机、KQ–50E 型超声波清洗器、自制简易电镀装置、恒流电源、桌面式压力机、直流电源、针状电极、Buehler 公司的 Ecomet300/Automet 300 自动研磨抛光机、FEI 公司的 Nova Nano FESEM 450 场发射扫描电子显微镜、Shimadzu (岛津) 公司的 SPM 9700 能谱分析仪、Dage 4000 plus 高速推拉力测试机等。由于需要进行交替电镀, 因而需要使用 3 套图 4.2 所示的电镀装备。

4.2.1.2　实验方案

1. 基于 Sn/Cu 和 Sn/Ni 交替多层薄膜的 Cu–Cu 自蔓延反应键合结构的制备

本节的实验部分与 4.1 节的主要区别在于以 Sn/Cu 和 Sn/Ni 交替多层薄膜代替了单层的纯 Sn 镀层, 因而两者的实验工艺流程比较接近, 主要步骤如下:

(1) 清洗。去除 Cu 基底表面复杂的污染层 (有机物与其他吸附) 和氧化膜, 以获得干净新鲜的 Cu 表面。

(2) 电镀。用 Al 导电胶带将经过清洗的 Cu 基底粘贴在阴极板上, 在 100 r/min 的搅拌速度下, 采用 3 ASD 的电流密度进行电镀。通过控制电镀的时间来控制镀 Sn 层、Cu 层、Ni 层的厚度, 进而得到所需的厚度比。本研究中分别设置了 3 组厚度比不同的 Sn/Cu (1.1:1, 1.5:1, 2.0:1) 和 Sn/Ni (1.1:0.5, 1.5:0.5, 2.0:0.5) 多层结构, 以研究不同厚度比的 Sn/Cu 和 Sn/Ni 多层结构对键合结构的影响。由于 Sn 与 Cu 基底的润湿性比较好, 因而第一层设置为 Sn 镀层, 即采取 Sn—Cu (Ni)—Sn—Cu (Ni)—Sn 的顺序进行交替电镀来制备 Sn/Cu (Ni) 多层薄膜。结合 4.1 节的实验结果, Sn 镀层的厚度可设置为 1~2 μm。详细的 Sn/Cu 和 Sn/Ni 多层结构的厚度设置如表 4.6 和表 4.7 所示, 每组中保持 Cu 或 Ni 的厚度不变, 只改变 Sn 镀层的厚度。为了方便后文表述, 每组厚度设置以 Sn 镀层的厚度来命名。

表 4.6　Sn–Cu 多层结构的厚度设置

实验序号	厚度/μm	
	Sn	Cu
Sn1.1Cu	1.1	1
Sn1.5Cu	1.6	1
Sn2.0Cu	2.0	1

表 4.7　Sn–Ni 多层结构的厚度设置

实验序号	厚度/μm	
	Sn	Ni
Sn1.1Ni	1.1	0.5
Sn1.5Ni	1.6	0.5
Sn2.0Ni	2.0	0.5

另外, 为了避免电镀液的交叉污染, 每电镀完一层, 都需要用去离子水进行仔细冲洗, 尽可能地冲洗掉阴极板和待镀样品表面残存的镀液, 之后再进行下一层的电镀制备。电镀装置如图 4.16a 所示。

(3) 键合。将 Al/Ni 纳米箔夹在电镀有 Sn–Cu (Ni) 多层结构的 Cu 基底 (镀有交替多层薄膜的一侧向内) 之间, 对键合结构整体施加 5 MPa 的压力, 利用加载有 15 V 直流电压的针状电极引燃 Al/Ni 纳米箔, 促使其反应放热, 完成键合。键合装置如图 4.16b 所示。

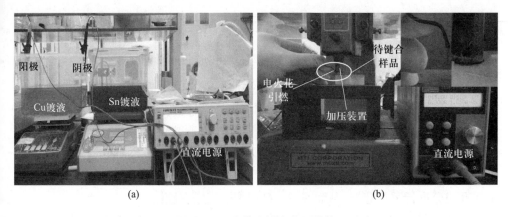

图 4.16 电镀和键合装置实物

键合前和键合后的结构如图 4.17 所示。

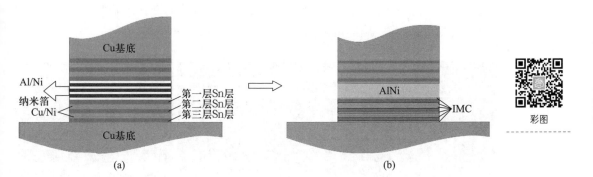

图 4.17 键合前 (a) 和键合后 (b) 的结构

2. Cu–Cu 自蔓延反应键合结构的性能测试

本节依然采用剪切性能作为键合强度的评估指标, 严格按球栅阵列 (BGA) 凸点剪切强度测试标准 (JEDEC JESD22–B117A) 进行测试, 测试过程与 4.1 节中的相同。每组测试 6 个样品, 舍去偏差大的剪切力, 取测试结果的平均值, 即可计算出该组的剪切强度。

3. 其他分析手段

对于各组不同厚度比的键合样品, 均镶嵌制样, 然后进行研磨抛光、喷金等处理, 采用 Nova Nano FESEM 450 场发射扫描电子显微镜及其附带的 EDX 能谱仪分析键合结构界面的微观形貌和组织, 并检测其区域成分及元素分布。

选取剪切强度接近平均值的测试样品, 利用 FESEM 对破坏样品的断面进行观察分析, 进一步探索区域成分及元素分布对剪切强度的影响。

4.2.2　基于 Sn–Cu 多层结构的 Cu–Cu 自蔓延反应键合

4.2.2.1　不同 Sn/Cu 厚度比对键合结构形貌和成分的影响

在 Cu–Cu 自蔓延反应键合过程中, Sn/Cu 交替多层薄膜的 Sn/Cu 厚度比非常重要: 一方面可以保证在 Al/Ni 纳米箔被引燃后释放大量热量的过程中, 大量的 Sn 熔化并流动, 从而充分填充孔隙, 减少和避免孔洞等缺陷的产生; 另一方面, 它决定了 Sn 和 Cu 原子之间的扩散距离, 不仅影响扩散所需的时间, 还影响产生扩散的原子数, 因而对 IMC 的反应生成有着决定性的影响。因此, 需要对键合结构的形貌和成分进行重点分析, 从而对 Sn/Cu 厚度比进行优化。

对键合后的样品进行镶嵌制样, 然后在 FESEM 下对其横截面进行观察。采用背散射模式, 可以清晰地观测横截面上不同成分的区域, 尤其是各界面处的形貌、结构、缺陷数量与分布。先在 20 kV 束压、5 000 倍下进行低倍观察, 从整体上对键合结构进行全面的了解。对 3 组不同 Sn/Cu 厚度比的键合样品都进行了仔细的观察, 观测得到的键合结构的横截面如图 4.18 所示。

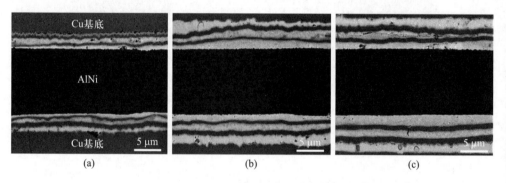

图 4.18　5 000 倍下键合结构的横截面形貌: (a) Sn1.1Cu; (b) Sn1.6Cu; (c) Sn2.0Cu

由图 4.18 可以清晰地看到各组成结构, 从中间向两侧依次为颜色最深的 Al/Ni 纳米箔反应层、Sn/Cu 交替多层薄膜 (白亮层为 Sn 镀层, 暗色层为 Cu 层) 以及最外侧的暗色 Cu 基底层。如图 4.18a 所示, 当 Sn/Cu 厚度比为 1.1 μm∶1 μm 时, 可以发现在 Sn/Cu 交替多层薄膜内部的 Sn 镀层中存在少量的尺寸较大的孔洞, 这是因为没有足够的 Sn 来充分填充所导致。而在 Sn/Cu 交替多层薄膜内部的 Sn/Cu 界面处则存在较多的微小孔洞, 尤其是 Sn/Cu 交替多层薄膜与 Cu 基底之间的界面存在明显的孔隙, 这些孔隙在 3 组样品中都存在, 认为是在电镀过程中产生的。当 Sn/Cu 厚度比增加到 1.6 μm∶1 μm 时, 发现随着 Sn 含量的增加, Sn/Cu 交替多层薄膜内部 Sn 层中较大尺寸孔洞的数量急剧减少, 尺寸也有所降低。本节还发现, 在 Sn 层两侧存在一些微小的孔洞, 当 Sn/Cu 厚度比增加到 2 μm∶1 μm 时, 这些微小孔洞在数量和尺寸上均没有明显的改变, 推测这些孔洞是在键合过程中由 Sn–Cu 金属间化合物的生成所引起的体积收缩导致的, 因而无法得到根本上的消除。如图 4.18c 所示, 在一侧的 Sn/Cu 交替多层薄膜的 Sn 镀层内部发现了较长的裂纹, 与其他 Sn 层相比, 该处 Sn 层厚度极不均匀, 推测这是由该处体积收缩产生的应力集中引起的。

为了更清楚地观察 Sn/Cu 交替多层薄膜与 Cu 基底和 Al/Ni 纳米箔之间的界面的形貌和结构, 本节对键合结构的单侧进一步放大, 在 15 000 倍下进行观察, 结果如图 4.19 所示。总的来说, 图 4.19 呈现了与图 4.18 相似的形貌结构, 尤其是在缺陷的数量、尺寸和分布方面, 呈现出相同的变化规律。

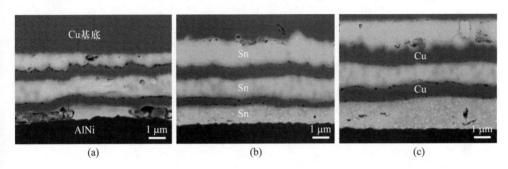

图 **4.19**　15 000 倍下键合结构的横截面形貌: (a) Sn1.1Cu; (b) Sn1.6Cu; (c) Sn2.0Cu

根据背散射成像模式下不同成分区域呈现不同颜色的原理, 可以清晰地观察到 Cu 基底、Sn-Cu 交替多层薄膜以及 Al/Ni 纳米箔之间的界面, 并加以区分。在 Sn/Cu 界面处, 包括 Sn/Cu 交替多层薄膜内部 Sn 层与 Cu 层的界面, 以及 Sn 层与 Cu 基底界面, 发现了不规则的、锯齿形的暗灰色区域, 对该区域内多点进行 EDX 点分析, 测得 Sn 和 Cu 的原子百分数分别为 48.36 at.% 和 51.64 at.%, 即 Sn 和 Cu 的原子比近似于 5:6, 因而认定该暗灰色区域的主要成分为 Sn-Cu 的金属间化合物 Cu_6Sn_5。在 Sn 镀层内部, 除了暗灰色的 Cu_6Sn_5 之外, 剩余的白亮色区域则为残余 Sn, 这可以根据该区域近似 100 at.% 的 Sn 原子含量来证明。

利用 Adobe Photoshop 软件可以清楚地识别这些 SEM 图像中每个 Sn-Cu 界面处不同灰度层 (即 Cu_6Sn_5IMC 层) 之间的界面。利用前述的 IMC 层厚度测量方法, 用图像分析仪定量 Cu_6Sn_5 层的厚度, 即通过 IMC 面积除以界面长度获得 IMC 厚度, 可得每组 Sn/Cu 厚度比下各 Sn 层中 IMC 层的厚度, 结果如图 4.20 所示。

图 4.20 所示的 3 组不同 Sn/Cu 厚度比下, 各 Sn 层中的 Cu_6Sn_5 层厚度均随 Sn 交替层厚度的增加而增加。在这 3 组 Sn/Cu 厚度比下, 不难发现, 第一层 Sn 层中的 Cu_6Sn_5 层厚度值均是最小的, 尽管离热源 Al/Ni 纳米箔的距离很近, 但由于该 Sn 层只在一侧与 Cu 接触, 即只存在一个 Sn-Cu 界面, 因而 Cu_6Sn_5 层厚远低于其他 Sn 层中的。研究中还发现, 当 Sn/Cu 厚度比为 1.1 μm:1 μm 时, 第一层 Sn 层中的 Cu_6Sn_5 层厚度值为 220 nm, 这与 4.1 节使用单层 1 μm 厚的 Sn 层时所得到的约 223 nm 厚的 Cu_6Sn_5 层非常接近。在第二层 Sn 层中, 尽管存在两个

Sn-Cu 界面, 但是 Cu_6Sn_5 层厚度不足第一层中的 1/2。第三层 Sn 层中, Cu_6Sn_5 层厚度均呈下降趋势。从热传导距离来看, 由于第三层 Sn 层与 Al/Ni 纳米薄膜的距离显著增加, 热量传导到第三层 Sn 层处时温度已比较低, 温度的降低减缓了界面处 Cu_6Sn_5 层的生长速率, 并最终导致 Cu_6Sn_5 层厚度的减小。此外, 还发现相邻 Sn 层中的 Cu_6Sn_5 层之间的厚度差异变得越来越小, 可以认为, 当 Sn 层和 Cu 层的厚度比增加到一定程度时, Cu_6Sn_5 层的厚度可能会趋于稳定。

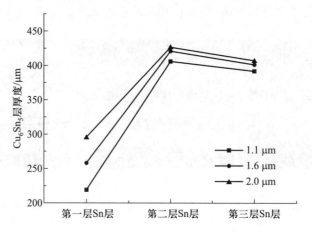

图 4.20 3 组 Sn/Cu 厚度比下各 Sn 层中 IMC 层的厚度

4.2.2.2 不同 Sn/Cu 厚度比对键合结构剪切强度的影响

如图 4.21 所示, 3 组不同 Sn/Cu 厚度比 1.1 μm:1 μm、1.6 μm:1 μm 和 2 μm:1 μm 对应的键合结构的剪切强度值分别为 26.7 MPa、32.4 MPa、28.6 MPa。从总体变化规律来说, 剪切强度呈现与 Cu_6Sn_5 金属间化合物层厚度相同的变化趋势。当 Sn/Cu 厚度比从 1.1 μm:1 μm 增加到 1.6 μm:1 μm 时, 剪切强度大幅增加, 这应归因于 Sn 层的增厚, 使黏合过程中更多的 Sn 熔化、流动至孔隙并填充, 进而促进了缺陷尺寸的减少和数量的降低。然而, 当 Sn/Cu 厚度比继续增加到 2 μm:1 μm 时, 剪切强度却表现出明显的降低, 这可能是由 Sn/Cu 结构内的应力集中引起的裂纹所导致的, 如图 4.18c 和图 4.19c 所示。与 4.1 节中相同厚度下采用单层 Sn 层的键合结构测得的剪切强度值相比, 3 组的剪切强度均略有细微的增加, 但增加的幅度远远小于 Cu_6Sn_5 层厚度的增加, 我们认为, 这一方面是由 Sn/Cu 多层薄膜结构电镀制备过程中在 Sn/Cu 界面产生的细小孔洞缺陷所致, 另一方面可能是由键合过程中 Sn/Cu 多层薄膜结构内所产生的应力集中所造成。一般来说, 最佳的 Sn/Cu 厚度比取决于键合结构的性能, 主要取决于 Cu_6Sn_5 层的形成和缺陷的改善。

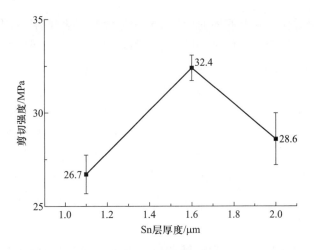

图 4.21 3 组不同 Sn/Cu 厚度比下键合结构的剪切强度

4.2.2.3 不同 Sn/Cu 厚度比下键合结构的断面分析

为了更好地研究 Sn/Cu 厚度比对剪切强度的影响, 对剪切强度测试后破损样品的断面进行分析, 观察经剪切破坏后所产生的断裂面的形貌与组织, 以及发生断裂的位置。断面分析为辅助强度测试手段之一, 可用于补充研究影响键合效果的各类因素。

同样地, 选取 3 组剪切测试样品中最接近平均值的一个样品, 在背散射模式下采用 FESEM 对其断面的形貌、组织和成分进行观察和分析。3 组不同 Sn/Cu 厚度比下键合结构的断裂面微观形貌如图 4.22 所示。本节对图 4.22 中具有不同形态和颜色灰度的区域均取样进行 EDX 能谱分析, 以研究该区域的具体成分, 取样位置用黑色实心方框标出, 所测位置处各成分的原子百分数列于表 4.8。如图 4.22a 所示, 当 Sn/Cu 厚度比为 1.1 μm∶1 μm 时, 断裂面形貌复杂多样, 不仅表现出不同的形态, 还出现了明显的分层, 这表明断裂源不是在某一固定界面产生, 而是萌发于多处位置, 即断裂源发生在 Sn–Cu 多层薄膜结构内。在 A、B、C 3 点进行 EDX 能谱测试, 得到其对应的原子百分数, 如表 4.8 所示, A 和 C 点的原子比例相近, 都为 Cu 富集区, 且所在层形貌基本相同, 这进一步说明断裂源发生在 Sn–Cu 多层薄膜结构内的 Cu 交替层中, 这是由于当 Sn 层较薄时, Sn–Cu 多层薄膜结构中 Cu 层和 Sn 层的结合比较弱。如图 4.22b 所示, 当 Sn/Cu 厚度比增加到 1.6 μm∶1 μm 时, 剪切断面变得相对平滑, 呈现两个区域, 即具有明显裂纹的平坦区域和形状不规则的区域, 没有裸露出来的 Cu 基底。剪切断面没有出现分层, 这是由于 Sn 层的增厚使 Sn–Cu 多层薄膜结构内部 Cu 层和 Sn 层的结合增强, 可以认为断裂源不是产生在 Sn–Cu 多层薄膜结构内部, 而可能发生在 Sn–Cu 多层薄膜与 Cu 基底的界面处或其与 Al/Ni 纳米箔的界面处。根据表 4.8 中所示 D 点和 E 点的 Sn、Cu 原子百分数, D 点和 E 点处的主要成分为 Sn 和 Cu_6Sn_5, 这表明断裂主要发生在 Sn–Cu 多层薄膜/Cu 基底界面处的 Cu_6Sn_5 金属间化合物层和剩余 Sn 层的界面处。虽然 Cu_6Sn_5 的增厚促进了键合结构抗剪强度的提高, 但 Cu_6Sn_5 金属间化合物层和剩余 Sn 层的界面处的应力集中使该处比较脆弱, 容易产生裂纹, 并最终导致断裂失效。当 Sn/Cu 厚度比增大到 2 μm : 1 μm 时, 断裂面的形貌如图 4.22c 所示, 与图 4.22b 比较相似, 也呈现为一个不规则区域和一个相对平滑的区域, 亦未出现分层。由 F 点和 G 点的原子百分数可知, 断裂面主要由 Cu 和 Cu_6Sn_5 金属间化合物组成。可推断出, 在 Sn–Cu 多层薄膜中的 Cu 电镀层发生断裂, 这是由残余 Cu 层中的高应力集中所导致的, 从而使剪切强度急剧下降。这些断裂分析结果与之前所得的剪切强度结果恰好吻合, 验证了 Sn/Cu 厚度比为 1.6 μm : 1 μm 时最优。

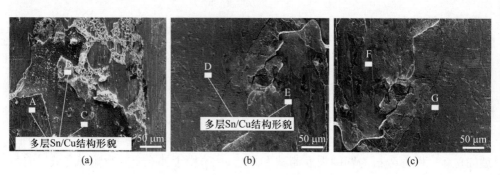

图 4.22　3 组不同 Sn/Cu 厚度比下键合结构的断面微观形貌: (a) Sn1.1Cu; (b) Sn1.6Cu; (c) Sn2.0Cu

表 4.8　图 4.19 中各测试点的原子百分数

取样点	原子百分数/(at.%)	
	Cu	Sn
A	97.52	2.48
B	6.35	93.65
C	95.07	4.93
D	51.24	48.76
E	52.86	47.14
F	57.02	42.98

4.2.3　基于 Sn–Ni 多层结构的 Cu–Cu 自蔓延反应键合

4.2.3.1　不同 Sn/Ni 厚度比对键合结构形貌和成分的影响

与 Sn–Cu 多层薄膜结构一样, Sn/Ni 厚度比不仅对孔隙的填充以及孔洞缺陷等有重要的影响, 还对界面 IMC 的反应生成有着决定性的作用。而且键合结构及

界面的形貌 (缺陷数量及分布)、组织和成分 (界面 IMC 的分布、生成量等) 对于键合结构的性能有着重要的影响, 因此需要先对键合样品的形貌和成分进行分析, 以优化基于 Sn–Ni 多层结构的 Cu–Cu 自蔓延反应键合工艺。

采用相同的工艺参数对电镀有 Sn–Ni 多层薄膜的 Cu 基底进行键合。然后, 按照相同的标准流程对键合后的样品进行镶嵌、研磨、抛光等操作, 以便在 FESEM 下对键合样品的横截面进行观察和分析。同样地, 采用背散射模式, 从而可以清晰地观测横截面上不同成分的区域, 尤其是各界面处的形貌、结构、缺陷数量与分布。在 5 000 倍下对键合样品从整体上进行观察, 得到 3 组不同 Sn/Ni 厚度比下键合样品的横截面微观形貌, 如图 4.23 所示。

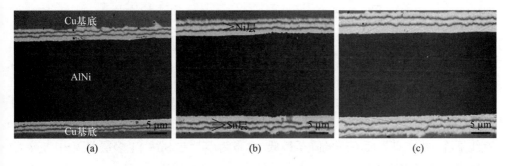

图 4.23 5 000 倍下键合结构的横截面微观形貌: (a) Sn1.1Ni; (b) Sn1.6Ni; (c) Sn2.0Ni

在图 4.23 中, 从中心向两侧依次可以清晰地观察到颜色最深、厚度最大的 Al/Ni 纳米箔的反应产物 AlNi 层、白亮与浅灰交替的 Sn–Ni 多层薄膜结构以及深灰色的 Cu 基底。从整个键合结构的横截面来说, 键合界面比较致密, 缺陷很少, 且缺陷多集中在 Sn–Ni 多层薄膜结构与 Cu 基底之间, 而在 Sn 镀层内只存在较少的缺陷。无论是在孔洞等缺陷的数量上, 还是在尺寸上, Sn–Ni 键合界面的缺陷率都远远优于基于相近厚度的 Sn–Cu 多层结构的键合样品。即使当 Sn 和 Ni 的厚度比仅为 1.1 μm : 0.5 μm 时, 也只存在少量的小尺寸的孔洞缺陷; 随着 Sn 层厚度的增大, 这些微小尺寸的孔洞得到有效的填充, 使原本就比较少的孔洞缺陷数量进一步减少, 从而获得高质量的无缺陷键合。

以单侧 Sn–Ni 多层薄膜结构为中心放大至 15 000 倍进行观察, 从而可以更清楚地观测 Sn–Ni 多层薄膜与单侧 Cu 基底和 Al/Ni 纳米箔的界面形貌和结构, 如图 4.24 所示。在 Sn–Ni 多层薄膜内, Sn 镀层/Ni 镀层的界面起伏不定, 呈锯齿状。当 Sn/Ni 厚度比为 1.1 μm : 0.5 μm 时, Sn–Ni 多层薄膜内存在少量的微小缺陷, 随着 Sn 层厚度的增加, 也就是 Sn/Ni 厚度比的增大, Sn–Ni 多层薄膜内几乎不再有缺陷存在。与 Sn–Ni 多层薄膜内存在的极少量的微小缺陷相比, 在 Sn–Ni 多层薄膜/Cu 基底界面处存在数目虽然不多但尺寸较大的缺陷。从整体上来说, 图 4.24 呈现了与图 4.23 中相似的变化规律, 尤其是在缺陷的数量、尺寸和分布方面, 呈现了相同的变化规律。

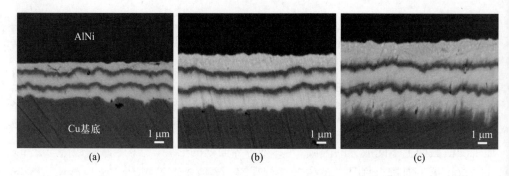

图 4.24 15 000 倍下键合结构的横截面微观形貌: (a) Sn1.1Ni；(b) Sn1.6Ni；(c) Sn2.0Ni

为了分析键合后元素的分布情况, 以 Sn/Ni 厚度比为 1.6 μm：0.5 μm 的键合样品为例, 进行线扫描元素分析 (沿图 4.25a 中直线进行元素扫描分析), 结果如图 4.25 所示。图 4.25b 展示了 Ni、Sn、Al、Cu 4 种元素沿横截面的分布和含量变化情况。不难发现, Cu 元素的含量在 Sn–Ni 多层薄膜与 Cu 基底的界面处开始直线下降, 在穿过 Sn–Ni 多层薄膜内的第一层 Sn 层后, 降至最低, 含量几乎为零; Al 元素的含量变化与 Cu 元素的相似, 在 Sn–Ni 多层薄膜与 Al/Ni 纳米箔的界面处直线下降, 并在离界面不远处降至最低, 含量为零。在 Sn–Ni 多层薄膜内, 3 个强度较高的峰代表着 Sn 层, 其中夹杂的两个低强度峰代表了 Ni 层, Sn 和 Ni 的含量此起彼伏, 交替涨落。但不同的是: Sn 层中 Ni 的含量较少, 在 Sn 层与两侧 Ni 层的界面处为最高, 从两侧向中间, Ni 元素含量急剧减少, 在 Sn 层的中间位置处衍射强度已降至最低, 只含有比较微量的 Ni 元素, 因而可以认为 Sn 层中心位置处几乎可视为纯 Sn, 向两侧 Ni 元素增加, 成分主要为大量的 $Sn+Ni_3Sn_4$; 而 Ni 层内 Sn 元素的含量波动不大, 只有略微的降低, 这是由于 Ni 层比较薄, Sn 元素在 Ni 层内的扩散比较充分, Ni 层较多地转变为 Ni_3Sn_4, 因而 Ni 层内的主要成分为 Ni_3Sn_4 与少量的 Ni。

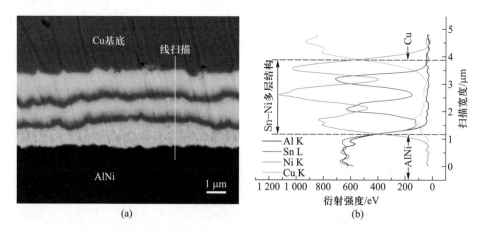

图 4.25 (a) Sn/Ni 厚度比为 1.6 μm：0.5 μm 的横截面微观形貌; (b) 沿扫描线元素的分布

4.2.3.2 不同 Sn/Ni 厚度比对键合结构剪切强度的影响

为了测试键合结构的键合强度, 进而评估其在使用过程中的可靠性, 采用与前文相同的测试方法, 以符合凸点剪切强度测试标准 (JEDEC JESD22–B117A) 的 Dgae 4000 plus 多功能推拉力机来测试 Cu–Cu 自蔓延反应键合结构的剪切强度, 这样可以更直观地分析 Sn/Ni 镀层的厚度比对键合强度的影响, 还可以与键合结构横截面的微观形貌相互印证, 更好地评估和研究其对 Cu–Cu 自蔓延反应键合质量的影响, 最终对工艺进行优化。

如图 4.26 所示, 3 组不同 Sn/Ni 厚度比 (1.1 μm : 0.5 μm、1.6 μm : 0.5 μm 和 2 μm : 0.5 μm) 对应的键合结构的剪切强度值分别为 28.3 MPa、33.1 MPa 和 35.3 MPa, 高于具有相同厚度设置的 Sn–Cu 多层薄膜结构的 Cu–Cu 自蔓延反应键合样品的剪切强度, 这可能是由于 Sn–Ni 金属间化合物具有更高的稳定性和强度。不同于基于相同 Sn 层设计的 Sn–Cu 多层薄膜结构的键合样品的剪切强度先增大后减小的变化趋势, 当 Sn/Ni 厚度比在 1.1 μm : 0.5 μm 到 2 μm : 0.5 μm 的范围变化时, 剪切强度随 Sn 层厚度及 Sn/Ni 厚度比的增大而增大。当 Sn/Ni 厚度比增加到 1.6 μm : 0.5 μm 时, 剪切强度增大至 33.1 MPa, 比 Sn/Ni 厚度比为 1.1 μm : 0.5 μm 时提高了 4.8 MPa。根据图 4.23 和图 4.24 所示, 可以将其归因于 Sn 层的增厚使键合过程中孔洞等缺陷处得到了更有效的填充, 进而缩小了缺陷尺寸, 减少了缺陷数量。当 Sn/Ni 厚度比继续增加到 2 μm : 1 μm 时, 剪切强度只增大了 2.2 MPa, 参考图 4.24b 和 c, 认为剪切强度增长的大幅减缓可能是由于当 Sn/Ni 厚度比为 1.5 μm : 0.5 μm 时, Sn–Ni 多层薄膜结构内已几乎不存在孔洞缺陷, 厚度比的继续增大无法继续显著地改善致密度, 因而也就无法进一步提高剪切强度。与本节前一部分基于相同 Sn 层设计的 Sn–Cu 多层薄膜结构的键合样品的剪切强度相比, 3 组剪切强度均表现出一定的提高, 认为这是由于 Sn–Ni 金属间化

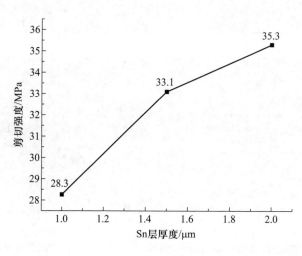

图 4.26 3 组不同 Sn/Ni 厚度比下键合结构的剪切强度

合物 Ni_3Sn_4 对焊料层具有强化作用。一般来说，最佳的 Sn/Ni 厚度比取决于键合结构的性能，主要取决于 IMC 的生成和缺陷的控制。

4.2.3.3 不同 Sn–Ni 厚度比下键合结构的断面分析

为了更好地分析 Sn/Ni 厚度比对剪切强度的影响，对剪切强度测试后的破坏样品的断面形貌、组织及成分进行观察分析，研究剪切破坏过程中裂纹萌生的位置和断裂界面，从而推断发生断裂的原因和机理。一方面，断面分析可作为辅助强度测试手段，以研究键合强度的影响因素；另一方面，可用于指导工艺参数的设置和调整，以获得更高质量的键合工艺。

图 4.27 为基于不同 Sn/Ni 厚度比得到的 Cu–Cu 键合样品经剪切强度测试后的剪切断面微观形貌，其中图 4.27a～c 分别为 500 倍下观察到的 Sn/Ni 厚度比为 1.1 μm:0.5 μm、1.6 μm:0.5 μm 和 2 μm:0.5 μm 时的键合样品的剪切断面，图 4.27d 为 5 000 倍下观察到的 Sn/Ni 厚度比为 1.6 μm:0.5 μm 时样品的剪切断面。

从图 4.27 中可以看出，断面比较光滑齐平，呈现鱼鳞状的片层，没有明显的台阶，具有显著的解理断裂的河流花样特征，没有观察到明显的韧窝。断面呈现切应力下的完全剪切断裂样式，滑移在失效中起主要作用，即在快速剪切拉伸的过程中，键合界面首先发生塑性变形并产生切应力；然后，在切应力的作用下，键合界面不断滑移，产生明显的塑性变形；最后，大量的滑移累积导致断裂的发生。

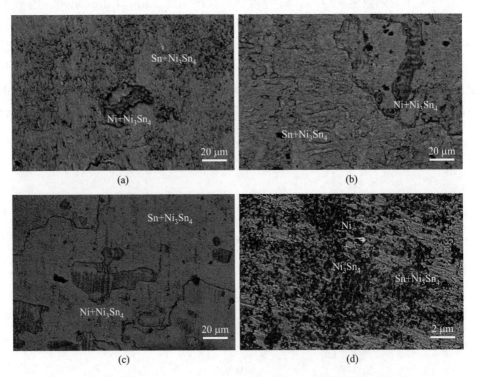

图 4.27 键合结构断面的微观形貌: (a) Sn1.1Ni, 500 倍; (b) Sn1.6Ni, 500 倍; (c) Sn2.0Ni, 500 倍; (d) Sn1.6Ni, 5 000 倍

4.3　基于加热引燃的 Cu 凸点阵列自蔓延反应键合

前文讨论的 Cu–Cu 自蔓延反应连接都是基于高纯 Cu 片进行的, 而实际的封装应用多需要对 Cu 凸点阵列进行规模化的批量键合。对于由电镀制备而来的微米尺度的圆柱形键合结构, 在待键合表面形态和基底的性能上, 均与 Cu 片有着较大的差别。同时, 对于大规模 Cu 凸点阵列的批量键合, 电火花引燃已不再适用, 需要改进引燃方式, 研究多点同时引燃的工艺。因此, 为了更好地为实际晶圆级封装互连应用提供参照, 本节将在 Si 基底上制作 Cu 凸点阵列进行键合, 并结合前面焊料层设计的研究成果, 利用键合机的对准和加热功能探索基于加热引燃的 Cu 凸点阵列的自蔓延反应键合工艺。前文, 我们对比观察了 Sn–Cu 交替多层薄膜与 Sn–Ni 交替多层薄膜对 Cu–Cu 自蔓延反应键合工艺的影响, 不难发现, 基于 Sn–Ni 交替多层薄膜所得到的键合结构的缺陷数量和机械性能均优于同样厚度设置的 Sn–Cu 交替多层薄膜的。因而, 本节采用 Sn–Ni 交替多层薄膜结构来实现高密度 Cu 凸点阵列的自蔓延键合反应。

4.3.1　样品制备及实验方案

4.3.1.1　实验材料与设备

1. 实验材料

实验材料包括 N 型 ⟨100⟩ 晶向的 Si 单面抛片, 直径为 100 mm, 厚 (500 ± 10) μm; 直径为 157 mm、厚 5 mm 的 Ti 溅射靶材, 纯度达到 4N; 直径为 157 mm、厚 5 mm 的 Cu 溅射靶材, 纯度为 5N; 深圳路维光电股份有限公司制作的镀铬掩模版; 美国 FUTURREX 公司生产的 PR1–12000A 型光刻胶, 以及 RD6 型显影液; 与前文一致的上海新阳半导体材料公司生产的凸点 Cu、Ni、Sn 电镀液, 以及 4N 纯度的 Cu、Sn 和 Ni 阳极板; 国药集团化学试剂有限公司生产的 $(CH_3)_2CHOH$、NH_4OH、H_2O_2、HCl、HF、丙酮等试剂; 去离子水; NF40Al/Ni 纳米箔; 环氧树脂基冷镶料。

2. 实验设备

水浴锅、超声清洗器、磁控溅射机、匀胶机、加热台、MA–6 光刻机、自制简易电镀装置、恒流电源、铂金–艾尔默仪器公司 (PerkinElmer Instruments) 的 Diamond 型差示扫描量热仪 (DSC)、德国 Finetech 公司的 FINEPLACER® lambda 亚微米多用途贴片机 (图 4.28)、Buehler 公司的 Ecomet300/Automet 300 自动研磨抛光机、FEI 公司的 Nova Nano FESEM 450 场发射扫描电子显微镜、Shimadzu (岛津) 公司的 SPM 9700 能谱分析仪, Dage 4000 plus 高速推拉力测试机等。

4.3.1.2　实验方案

1. 基于 Sn–Ni 交替多层薄膜的 Cu 凸点阵列的自蔓延反应键合工艺

在对 Si 基底的抛面进行处理前, 要先对其进行清洗, 主要目的是去除 Si 基底

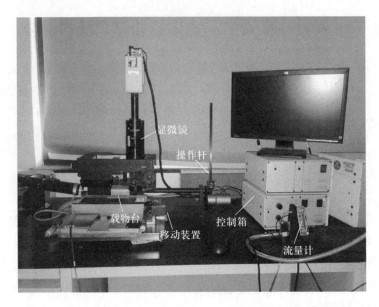

图 4.28　FINEPLACER® lambda 多用途贴片机

抛面上黏附的沾污物, 包括吸附的颗粒、有机污染物、金属杂质等, 从而得到纯净的 Si 基面。为了更好地贴合工业应用并为其提供参考, 本节按照目前工业生产中遵循的 RCA 清洗工艺标准对 Si 基底浸行清洗: 第一步, 先后将 Si 基底浸入丙酮和异丙醇溶液中进行时长 2 min 的超声清洗, 从而去除其表面的有机污染物, 清洗后用去离子水冲洗; 第二步, 将 Si 基底浸入配制好的 APM 溶液 (NH_4OH、H_2O_2、H_2O 按照体积比 1∶1∶6 混合), 在 80 ℃ 水浴条件下加热 15 min, 以去除表面吸附的颗粒, 避免造成图形缺陷; 第三步, 将 Si 基底浸入配制好的 HPM 溶液 (HCl、H_2O_2、H_2O 按照体积比 1∶1∶6 混合), 水浴条件下加热 15 min, 以去除表面的金属杂质, 避免影响元件的性能; 第四步, 室温下用 2% 的 HF 溶液去除 Si 基底表面的氧化层, 得到新鲜干净的 Si 抛面。每一步完成后都需要用去离子水冲洗, 再进入下一步清洗过程。清洗后的硅片需要在 120 ℃ 下烘干, 以去除清洗过程中黏附的水分。

基于 Sn‒Ni 交替多层薄膜结构的 Cu 凸点阵列的自蔓延反应键合工艺流程如图 4.29 所示, 主要步骤如下:

(1) 沉积 Ti/Cu。处理好的硅片通过磁控溅射, 依次沉积 50 nm 厚的 Ti 层 (作为黏附层, 提高种子层与 Si 抛面的结合力) 和 300 nm 厚的 Cu 层 (作为后续 Cu 凸点制备的种子层)。

(2) 光刻 Cu 凸点。通过 10 s 的低速 (500 r/min) 旋转匀胶, 使 PR1‒12000A 型光刻胶在 Cu 种子层表面铺开并完全覆盖, 然后以 1 000 r/min 高速旋转 40 s, 去除过多的光刻胶, 并使胶层均匀化, 旋涂完成后在 120 ℃ 的热板上烘干 3.5 min 以去除残余的溶剂, 从而在 Cu 种子层表面制备一层厚度约为 15 μm 的均匀、干燥

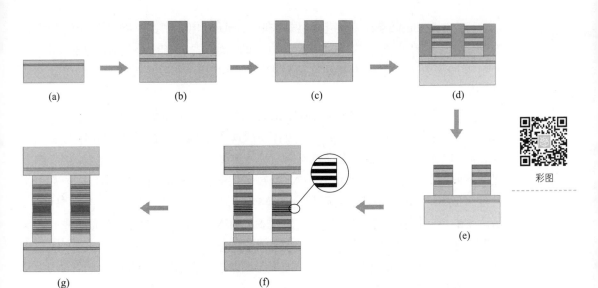

图 4.29 基于 Sn–Ni 交替多层薄膜结构的 Cu 凸点阵列的自蔓延反应键合工艺流程: (a) 沉积 Ti/Cu; (b) 光刻 Cu 凸点; (c) 电镀 Cu 凸点; (d) 电镀 Sn–Ni 多层结构; (e) 去胶; (f) 加热引燃 键合; (g) 完成键合

的光刻胶。利用 MA–6 光刻机对光刻胶层进行紫外线曝光, 间隙设置为 1 μm, 曝 光时长为 320 s, 再将曝光后的硅片在 RD6 显影液中浸泡 6 min 以去除变性的光 刻胶。由于采用的是正胶, 显影后即可得到所需要的 Cu 凸点阵列图案, 如图 4.30 所示。

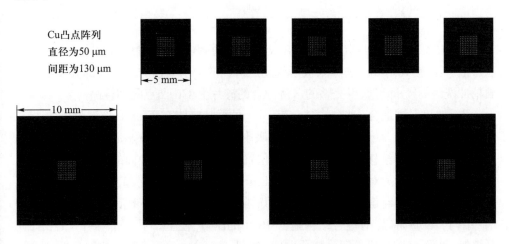

Cu凸点阵列
直径为50 μm
间距为130 μm

图 4.30 Cu 凸点阵列图案

显影过程中可能出现掩模图形底部的光刻胶没有去除干净的情况, 这会导致掩 模图形底部的 Cu 种子层无法完全裸露出来, 这会严重影响后续 Cu 凸点的电镀操 作。为了避免这种情况的发生, 在显影完成后, 需要通过等离子体去胶机去除整个 样品表面残留的光刻胶。可以使用 100 W 的 Ar 等离子体, 处理时长为 5 min。

(3) 电镀 Cu 凸点: 接着进行电镀, 在 3 ASD 的电流密度下电镀 8 min, 由于只有裸露出来的凸点图案的表面是导电的, 而其余位置被光刻胶覆盖, 均不导电, 因此电镀过程中 Cu 原子不断地在掩模图案处沉积生长, 最终制备出高约 8 μm 的 Cu 凸点。

(4) 电镀 Sn–Ni 交替多层薄膜结构: Cu 凸点的电镀完成后, 紧接着进行 Sn–Ni 交替电镀, 制备出 Sn–Ni 交替多层薄膜结构。电镀过程的操作与前文所述相同, 但 Ni、Sn 镀层厚度设置不同。这一方面是由于密排 Cu 凸点点阵中, 凸点之间的间距是有限的, 以防止 Sn–Ni 交替多层薄膜过厚时被挤出而产生桥接短路, 另外组成 Sn–Ni 交替多层薄膜的 Sn、Ni 镀层厚度均不能过厚; 另一方面参照 4.2 节中 Sn–Ni 多层薄膜的厚度设定, 发现 Sn 和 Ni 均有一定剩余, 因而在原有设定的基础上减小二者的厚度, 将其控制在较薄的范围。本节中, 将 Ni 层的厚度减小 50%, 设定为 250 nm, 研究了与不同 Sn 层的厚度组合, 即不同厚度比的 Sn–Ni 交替多层薄膜结构, 二者的厚度设置如表 4.9 所示。

表 4.9　Sn–Ni 交替多层薄膜结构的厚度设置

实验序号	厚度/nm	
	Sn	Ni
Sn0.25Ni	250	250
Sn0.5Ni	500	250
Sn0.75Ni	750	250
Sn1.0Ni	1 000	250

(5) 去胶: 在 Cu 凸点和 Sn–Ni 交替多层薄膜电镀完成后, 将样品在 RD6 型显影液中浸泡 15 min, 去除未被紫外光照射到的、未变性的光刻胶部分。然后用酒精冲洗, 吹干, 即可获得完整的、待键合的硅片上 Cu 凸点阵列样品。

(6) 加热引燃键合: 将 10 mm×10 mm 的样片吸附在 Finetech 键合机的底部, 作为下基底, 而将 5 mm×5 mm 的样片吸附在上压头, 作为上基底。利用键合机的光学对准系统, 调整移动上、下基底的位置及角度, 使二者表面的 Cu 凸点点阵的成像完全重合, 即为对准。接下来, 将 4 mm 左右宽的 NF40 Al/Ni 纳米箔放在下基底上, 使其完全覆盖 Cu 凸点阵列, 随后降下上基底并与纳米箔接触, 形成 "三明治" 结构。调整游码, 对键合结构施以 10 N 的压力, 使上、下基底与纳米箔表面充分接触。设置好键合机的温度变化曲线, 如图 4.31 所示。温度控制主要包括 3 个过程: 加热过程, 升温速率为 4 K/s, 升温终止温度为 250 ℃; 保温过程, 达到设定温度 250 ℃ 后, 保温 1 min; 冷却过程, 通过压缩空气加速冷却, 降温速率约为 2 K/s。温度控制过程编辑完成后, 点击运行, 键合机开始按温度曲线运行, 整个过程不需要气氛保护即可完成键合, 最终可获得完好的 Cu 凸点阵列键合样品。

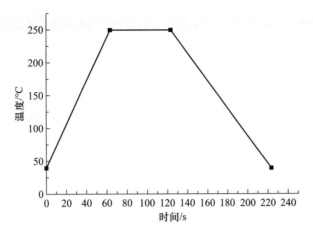

图 4.31 键合过程温度曲线

2. Cu 凸点阵列键合样品的性能测试

同样地, 按 BGA 凸点剪切强度测试标准 (JEDEC JESD22–B117A) 来测试 Cu–Cu 凸点阵列键合样品的剪切性能。但与 Cu 片的大面积键合不同, Cu 凸点阵列的键合面积远小于前者, 因而需要采用较小载荷的推头, 故选择了略小的 ZS 5 KG 推头模块, 其推头宽度为 3 mm。另外, 由于 Cu 凸点键合与 Cu 片键合在结构高度等形状尺度上存在较大的差别, 因而在测试参数上需要作调整, 本研究中采用 60 μm 的剪切测试高度、10 μm/s 的加载速率以及 5 μm/s 的测试速率。其他测试过程及操作均与前文相同。对于每组厚度, 测试 6 个样品, 每次测试结果误差相差不应超过 5%, 取平均值, 则根据键合面积即 Cu 凸点阵列的表面积, 可计算得出该组的剪切强度。

3. 其他分析手段

对于各组不同厚度比的键合样品, 均取样进行镶嵌制样, 然后作研磨抛光、喷金等处理, 采用 Nova Nano FESEM 450 场发射扫描电子显微镜及其附带的 EDX 能谱仪分析键合结构界面的微观形貌和组织, 并检测其区域成分及元素分布。

选取剪切强度最接近平均值的测试样品, 利用 FESEM 和 EDX 对其断面进行分析, 可进一步探索断面组织和结构对剪切强度的影响。

4.3.2 NF40 Al/Ni 多层薄膜的热性能研究

差示扫描量热法 (DSC) 是测量样品在控制温度下的释放或吸收热流的一种技术, 常被用来测量材料随温度和时间变化时热流的变化和变化速率, 从而对材料与热流有关的化学、物理变化进行定量及定性的分析, 预测材料的热特性。在本节中通过研究 NF40 纳米箔样品的热通量随温度的变化, 可以推断出 NF40 纳米箔自身发生反应的起始温度和放热量。为了合理地确定加热温度曲线, 首先需要对 NF40 纳米箔的热特性进行一定的研究。本节给出了 NF40 纳米箔在 40 ℃/min、

100 ℃/min、200 ℃/min 3 种升温速率下的热通量随温度的变化曲线, 如图 4.32 所示。

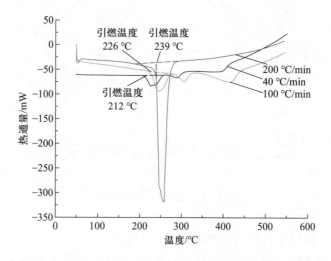

图 4.32　不同升温速率下 NF40 纳米箔的热通量变化曲线

如图 4.32 所示, 3 种不同升温速率下, NF40 纳米箔的 DSC 曲线之间在放热波谷数量、幅值和起始引燃温度上都有比较大的差别。利用 PYRIS 软件对 DSC 曲线进行拟合分析, 可得 NF40 纳米箔在 40 ℃/min、100 ℃/min、200 ℃/min 3 种升温速率下对应的引燃温度, 分别为 212 ℃、226 ℃、239 ℃, 而对应的放热率则依次为 227.98 J/g、244.28 J/g、517.76 J/g。从图 4.32 中可以看出, 当升温速率为 40 ℃/min 时, DSC 曲线有 3 个代表放热过程的波谷 (第三个波谷不明显), 这 3 个波谷代表了 Al 和 Ni 之间的 3 个反应过程, 这 3 个过程分别对应 3 种反应产物, 即 $NiAl_3$、Ni_2Al_3 和 NiAl, 三者对应的放热量分别为 42.1 kJ/mol、64.5 kJ/mol、69.5 kJ/mol。当升温速率增大到 100 ℃/min 时, 代表 3 个不同放热反应的 3 个波谷的幅值均有所增大, 这表明, 随着升温速率的增大, 放热率有所增大, 引燃温度也略微地升高。而当升温速率进一步升高到 200 ℃/min 时, DSC 曲线只出现了一个放热波谷, 而且该放热波谷的幅值大幅增加, 说明当升温速率高至 200 ℃/min 时, AlNi 纳米箔内的 Al 和 Ni 之间只存在一种反应, 即生成 AlNi 的反应。总的来说, 随着升温速率的增大, 总的放热量有明显的增加, 这是由于当升温速率较低时, 在升温过程中会有比较明显的 Al 和 Ni 的预混反应, 这一部分反应会较大地降低最后参与反应放热的 Al 和 Ni 的量, 从而减少了最终的放热量; 当升温速率足够快, 达 200 ℃/min 甚至更高时, 将不再有 $NiAl_3$ 和 Ni_2Al_3 这样的中间产物产生, 只生成 AlNi, 此时纳米箔的放热率也达到最大, 为 517.76 J/g。从产物控制和热量最大化的角度考虑, 采用加热引燃时应选择较高的升温速率, 本节所采用的升温速率为 200 ℃/min。

4.3.3 基于 Sn-Ni 多层薄膜的 Cu 凸点阵列自蔓延反应键合

4.3.3.1 不同 Sn-Ni 厚度比对 Cu 凸点键合形貌和成分的影响

1. 键合前凸点的形貌

为了更好地研究 Cu 凸点阵列的自蔓延反应键合工艺, 在键合前, 先采用 FE-SEM 对裸的 Cu 凸点和已电镀制备完成的 Sn-Ni 交替多层薄膜结构的 Cu 凸点阵列进行观察, 结果如图 4.33 所示。

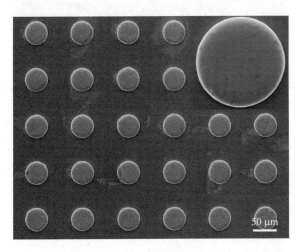

图 4.33 生成交替电镀 Sn-Ni 多层薄膜结构的凸点表面微观形貌

由图 4.33 不难发现, 电镀制备的 Cu 凸点阵列里, 凸点的形状标准而规则, 尺寸和间距也都符合掩模版的图形参数。继续对单个 Cu 凸点放大进行观察, 结果如图 4.33 中右上角所示, 其表面光滑平整, 没有明显的氧化、凹陷等缺陷。

2. 键合后凸点互连结构的截面形貌

采用 Finetech 公司的 FINEPLACER® lambda 亚微米多用途贴片机进行对准、加热和加压以实现键合。加热升温是通过与上、下 Si 基底接触的加热板来实现的, 虽然温控曲线不能直接准确地反映 Al/Ni 纳米箔与 Cu 凸点点阵实际接触位置的温度变化 (实际温度偏低)。另外, 此贴片机可施加的键合压力较小且不够均匀, 但它依然可以为大规模 Cu 凸点阵列的自蔓延反应键合提供其可行性的辅证, 并可以揭示实际键合中可能存在的问题。

为了研究不同 Sn/Ni 厚度比下 Cu 凸点键合样品的缺陷数量分布、微观组织形貌、成分以及元素分布, 从而评估并优化键合工艺, 需要对 Cu 凸点键合样品的横截面进行观察分析。图 4.34 展示了当 Sn/Ni 厚度比为 750 nm : 250 nm 时, 凸点键合结构的横截面形貌。

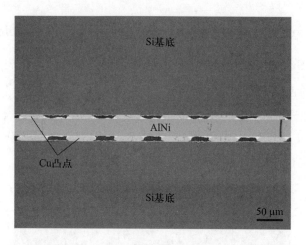

图 4.34 Sn0.75Ni, Cu 凸点阵列键合样品的横截面形貌

从图 4.34 中可以清楚地观察到上、下两个 Si 基底上制备的凸点结构, 不难发现, 上、下两排凸点成功地对准, 且与 Al/Ni 纳米箔的反应产物 AlNi 层紧密地键合在一起, 实现了上下两个硅片的有效连接。总的来说, 键合比较成功, 孔洞和裂纹缺陷很少。在背散射模式下, 继续对键合样品的横截面进行放大, 以便更清晰地观察 Sn–Ni 多层薄膜结构与 Cu 凸点和 AlNi 层之间的键合界面, 得到的 4 组样品的键合界面如图 4.35 所示。

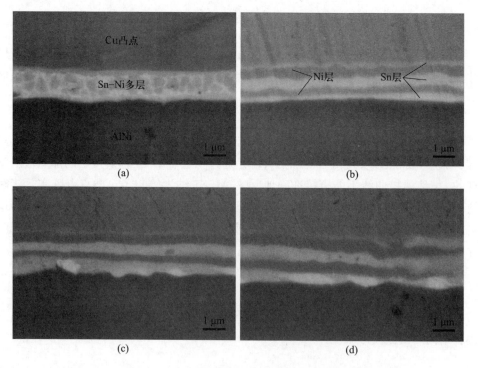

图 4.35 不同 Sn/Ni 厚度比下 Cu 凸点阵列键合样品的横截面形貌: (a) Sn0.25Ni; (b) Sn0.5Ni; (c) Sn0.75Ni; (d) Sn1.0Ni

如图 4.35 所示, 基于 4 组不同厚度比的 Sn–Ni 多层薄膜结构得到了 Cu 凸点键合结构, 其键合界面都比较致密, 没有产生明显的孔洞和裂纹等缺陷。如图 4.35a 所示, Sn–Ni 多层薄膜结构内部已经不存在明显的 Sn 和 Ni 分层, 中间的部分主要是一些浅灰的网状组织, 将不再分层的 Sn–Ni 薄膜隔成一些较小的暗灰区域。在浅灰的网状组织的多个位置取点进行 EDX 分析, 测得其 Ni 和 Sn 元素的平均原子百分数约为 43.76 at.% 和 56.24 at.%, Sn 和 Ni 的原子比接近 4∶3, 因而判定这些浅灰的网状组织是 Sn、Ni 的金属间化合物 Ni_3Sn_4。对两侧和网状组织包围的灰色区域进行 EDX 分析, 发现其 Ni 元素含量比较高 (70% 以上), 推测这些区域主要为残余的 Ni。当 Sn 层和 Ni 层的厚度为 250 nm 时, Sn 层和 Ni 层均比较薄, 扩散距离很短, 因而 Sn 层与 Ni 层能较好地熔合在一起。另一方面, Sn 的活性和扩散速率远远高于 Ni, 在 Sn 层与 Ni 层熔合的过程中 Sn 元素的扩散起着决定性作用, 当 Sn 与 Ni 元素的原子比达到 4∶3 时, 即反应生成 Ni_3Sn_4, 含有 Ni_3Sn_4 的区域逐渐连结, 使富 Ni 的区域无法继续获得 Sn 并与之化合生成金属间化合物。与图 4.35a 所示不同, 图 4.35b~d 所示的 Sn–Ni 多层薄膜结构内没有明显可见的缺陷, 分层清晰且明显, 当 Sn 层和 Ni 层的间隔变大时, Sn 和 Ni 的扩散距离延长, 在键合时间的制约下, 二者的混合和反应变得愈发困难; Sn 层的厚度都有所减小, 尤其是与 Cu 凸点紧邻的 Sn 层, 只残存极薄的一层浅灰区域, 这是由于 Cu 的高活性使 Sn–Cu 之间的反应更为迅速和充分, 紧邻 Cu 凸点的 Sn 层的损耗远大于其他两个 Sn 层的。

4.3.3.2　不同 Sn/Ni 厚度比对 Cu 凸点键合剪切强度的影响

在研究不同 Sn/Ni 厚度比对 Cu 凸点阵列键合的影响时, 本节依然选择剪切强度来表征键合样品的机械强度, 进而评估键合样品在使用过程中的可靠性和寿命。对基于不同厚度比的 Sn–Ni 多层薄膜结构得到的 Cu 凸点键合样品进行剪切测试, 测试结果如图 4.36 所示。测试过程中, 考虑到凸点阵列键合时其键合面积远远小于 Cu 片键合的面积, 甚至相差两个数量级, 故需要采用小一些的测试量程, 本节采用 5 kg 量程的测试推头。根据 Cu 凸点阵列的高度和间距, 测试高度和测试速率也需要作相应的调整, 分别调整至 50 μm 和 300 μm/min。

由图 4.36 可以看出, 总的来说, 4 组样品的键合强度均高达 100 MPa 以上, 远高于 4.2 节中同样基于 Sn/Ni 多层薄膜结构所得到的 Cu–Cu 自蔓延反应键合样品的剪切强度。推测键合强度较高主要有 3 个原因: 一是与具有 Sn–Ni 多层薄膜结构的键合样品的键合界面相比, 图 4.36 所示的键合界面更加致密, 无明显可见的孔洞和裂纹缺陷, 阻碍了裂纹源的产生; 二是通过交替电镀所制备的 Sn–Ni 多层薄膜与电镀 Cu 凸点的结合力高于其与光滑 Cu 基底的结合力; 三是当 Sn 层和 Ni 层均较薄时, 键合过程中 Sn 和 Ni 的扩散与反应更为充分, 键合后残余 Sn 和 Ni 的含量也比较低, 不存在大面积的残余 Sn 层和 Ni 层, 薄的残余 Sn 层和 Ni 层使得层内两侧单质与 Ni_3Sn_4 金属间化合物界面间的距离很近, 二者可能彼此交错,相互阻碍。

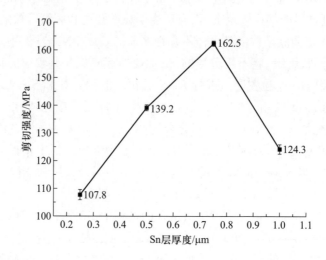

图 4.36　不同 Sn/Ni 厚度比下 Cu 凸点阵列键合样品的剪切强度

随着 Sn/Ni 厚度比的增加,Cu 凸点阵列键合样品的剪切强度从 107.8 MPa 增大到 162.5 MPa,这是由于 Ni$_3$Sn$_4$ 的增多,而 Ni$_3$Sn$_4$ 具有较高的强度。当 Sn/Ni 厚度比增大到 1 000 nm : 250 nm 时,Sn 和 Ni 的扩散距离延长,Sn 层的反应转化程度不高,层内残余的 Sn 较多,Sn 与 IMC 的界面相对脆弱,降低了整体的剪切强度。

4.3.3.3　不同 Sn–Ni 厚度比对 Cu 凸点键合断面的影响

需要更深入地分析 Sn/Ni 厚度比对 Cu 凸点自蔓延反应键合样品的影响,以及剪切强度的变化原因,从而为工艺的优化和实际应用提供更全面的指导,获得更高质量的键合工艺。采用 SEM 对经过剪切强度测试后的破坏样品的断面的形貌、组织及成分进行观察和分析,推测在剪切强度测试过程中断裂界面出现的位置,从而推断发生断裂的原因和机理。首先在低倍下观察,所得 4 组样品的剪切断面如图 4.37 所示,从总体上看,断面多发生在 Cu 凸点自蔓延反应键合样品的键合界面处,少部分发生在 Cu 凸点与 Si 基底的结合位置 (黑色圆孔),即从 Cu 凸点根部的溅射 Cu 种子层处发生断裂,而且随着 Sn/Ni 厚度比的增大,越来越多的凸点键合结构从 Cu 凸点根部的种子层处发生断裂。尤其在具有最高剪切强度的 Sn0.75Ni 组,从图 4.37c 中发现,多处 Cu 种子层随凸点键合的断裂而被撕裂剥离。

对 Sn0.75Ni 和 Sn1.0Ni 两组键合样品的凸点断面进一步放大,得到更细致的 SEM 断面形貌图,如图 4.38 所示。可以看到,当 Sn/Ni 厚度比为 750 nm : 250 nm 时,断面主要分成两个区域:一个区域呈现典型的脆性断裂的河流花样,经 EDX 元素分析鉴定,其主要成分为 Sn+Ni$_3$Sn$_4$;另一个区域的面积占比大,呈现凹凸不平的细小颗粒状形貌,经 EDX 测试表明,该区域主要是由 Ni 和 Ni$_3$Sn$_4$ 组成。可知,剪切断裂主要发生在 Ni 和 Ni$_3$Sn$_4$ 的界面附近,Ni-Sn 化合物 Ni$_3$Sn$_4$ 具有较高的

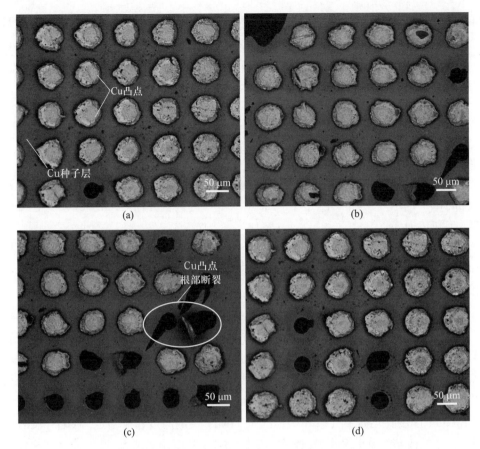

图 4.37 不同 Sn/Ni 厚度比下的 Cu 凸点阵列键合样片的断面形貌: (a) Sn0.25Ni; (b) Sn0.5Ni; (c) Sn0.75Ni; (d) Sn1.0Ni

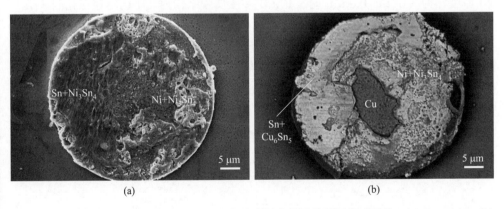

图 4.38 不同 Sn/Ni 厚度比下的 Cu 凸点阵列键合样片的断面微观形貌: (a) Sn0.75Ni; (b) Sn1.0Ni

强度和稳定性, Ni_3Sn_4 的增长决定了键合样品剪切强度的提高。在图 4.38b 中, 断面主要分成 3 层: 第一层比较光滑平整, EDX 的测试结果显示, 该区域的主要成分为 $Sn+Cu_6Sn_5$; 第二层也表现为细小的颗粒状断面形貌, 主要由 $Ni+Ni_3Sn_4$ 组成;

第三层检测出的主要元素为 Cu, 被认为是裸漏出来的 Cu 凸点的表面, 含有较少量的 Cu_6Sn_5。因此, 当 Sn/Ni 厚度比增大到 1 000 nm : 250 nm 时, 左邻近 Cu 凸点一侧的 Sn 层内, 残余 Sn 量的增加使得残余 Sn 单质与 Cu_6Sn_5 的界面变得凸出, 降低了键合结构整体的剪切强度。

4.4　小结

本章从局部加热的角度入手引入自蔓延反应材料, 由于工艺时间极短, 仅对其两侧的很小范围产生热影响, 从而将热量限定在待键合界面处, 减少了对其他处的热影响和热损伤。

(1) 研究了基于单层 Sn 焊料的 Cu–Cu 自蔓延反应键合, 探讨了不同 Sn 层厚度对键合样品的组织、成分分布、剪切强度以及耐高温性能的影响, 获知当 Sn 镀层厚度小于 4 μm 时, 孔洞、裂纹等缺陷随 Sn 镀层厚度的增加而显著减少, 在 4 μm 时键合界面缺陷基本减至最低, 达到稳定状态。

(2) 引入综合性能优良的 TLPB 体系, 利用 Sn–Cu 和 Sn–Ni 的交替多层薄膜取代单层 Sn 焊料层, 可进一步控制并优化键合过程中键合界面处 IMC 层的形成。对于 Sn–Cu 体系, 初期 Sn/Cu 厚度比的增大不仅降低了大尺寸孔洞缺陷的尺度和数量, 也促进了界面处 IMC 的形成和生长, 提高了键合样品的剪切强度; 但是当 Sn/Cu 厚度比增加到 2 μm : 1 μm 时, IMC 层的厚度趋于稳定, 缺陷并没有得到进一步的改善。对于 Sn–Ni 体系, 随着 Sn/Ni 厚度比的增大, 原本数量就比较少的小孔洞缺陷进一步得到改善, 键合界面也越来越致密, 剪切强度有所增加; 当 Sn/Ni 厚度比为 1.5 μm : 0.5 μm 时, Sn–Ni 多层薄膜结构内几乎已不存在孔洞缺陷。

(3) 在基于 Sn–Ni 多层薄膜的 Cu–Cu 自蔓延反应键合研究中, 尝试采用 Sn–Ni 交替多层薄膜结构来实现高密度 Cu 凸点阵列的自蔓延反应键合。随着 Sn/Ni 厚度比的增加, Ni_3Sn_4 增多, 剪切强度从 107.8 MPa 增大到 162.5 MPa。但当 Sn/Ni 厚度比增大到 1 000 nm : 250 nm 时, Sn 层内的残余 Sn 较多, Sn 与 IMC 的界面相对脆弱, 剪切强度会随之降低。

第 5 章 Cu–Cu 键合技术在三维集成中的应用

前面章节中针对面向三维集成封装的 Cu–Cu 键合技术所遇的问题, 提出了键合表面纳米化修饰、制备金属纳米焊料以及引入自蔓延反应放热技术等一系列研究思路, 并取得了大量研究成果。然而, 将先进互连技术应用至三维集成封装的微凸点间键合仍面临巨大的挑战。本章结合前文关于键合表面纳米化修饰内容, 开发了应用于凸点间键合的图形化技术, 并有效降低了凸点间 Cu–Cu 键合温度, 改善了键合质量。

此外, 本章还针对三维集成中的硅通孔 (TSV) 的制备工艺进行了研究与改进, 实现了小孔径、高深宽比、侧壁形貌良好的 TSV 阵列制备, 并结合 Cu 凸点间键合技术实现了 TSV 与 Cu 凸点片间互连。

5.1 基于 Cu 纳米棒的凸点间 Cu/Sn 键合

5.1.1 凸点制备及 Cu/Sn 凸点间键合工艺

前面我们验证了基于 Cu 纳米棒的 Cu/Sn 键合的可行性和有效性, 本节将纳米棒沉积在微凸点上, 对基于 Cu 纳米棒的低温 Cu/Sn 微凸点键合进行讨论。

Cu 纳米棒的低温 Cu/Sn 微凸点键合工艺流程示意图如图 5.1 所示, 主要包含如下步骤:

(1) 利用磁控溅射技术在清洁的硅片表面依次沉积黏附层和种子层。其中, 黏附层材料为 Ti, 厚度为 50 nm, 种子层材料为 Cu, 厚度为 200 nm。

(2) 在种子层表面旋涂光刻胶, 利用光刻胶制作微凸点图形掩模, 并使用去胶机去除掩模图形底部可能残留的光刻胶。

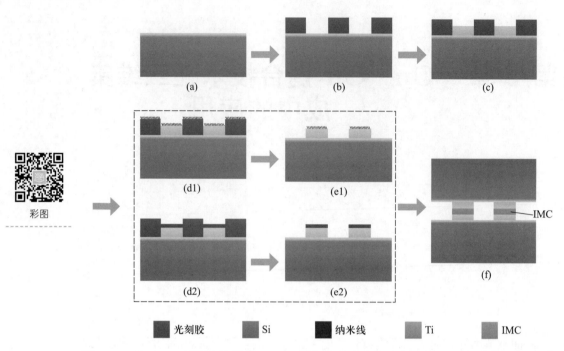

彩图

图例: ■ 光刻胶　■ Si　■ 纳米线　■ Ti　■ IMC

图 5.1 基于 Cu 纳米棒的低温 Cu/Sn 微凸点键合流程示意图: (a) 沉积黏附层和种子层; (b) 制作掩模; (c) 电镀 Cu 微凸点; (d1) 沉积 Cu 纳米棒; (d2) 电镀 Sn 微凸点; (e1) 去胶; (e2) 去胶; (f) 键合

(3) 利用电镀工艺制备 Cu 微凸点阵列, 分别选用上海新阳半导体材料有限公司的甲基磺酸体系 TSV 电镀液 UPT3360 和凸点镀 Cu 电镀液 SYS2210。

(4) 将样片分为两组: 一组利用倾斜溅射法在 Cu 微凸点表面生长 Cu 纳米棒阵列, 在溅射过程中, 基片相对靶材倾斜 85°, 射频源功率为 300 W, 溅射时间为 30 min(图 5.1d1); 另一组利用电镀工艺在 Cu 微凸点表面沉积一层 Sn, 采用上海新阳半导体材料有限公司的甲基磺酸体系凸点镀 Sn 电镀液, 以 0.1 ASD 的电流密度预电镀 1 min 后, 将电流密度增加至 3 ASD, 再分别电镀 2 min 和 4 min, 电镀 Sn 层厚度分别约为 2.5 μm 和 5.0 μm, 至此完成电镀过程 (图 5.1d2)。

(5) 利用去胶液去除两组样片表面的光刻胶, 其中光刻胶表面的 Cu 纳米棒在去胶过程中会随光刻胶一起被去除 (剥离工艺)。

(6) 将上下两个分别带有 Cu/Sn 微凸点阵列和 Cu/Cu 纳米棒微凸点阵列的样片放入键合机 (FC150, Suss Microtech, 图 5.2) 中, 并利用热压方式进行键合, 键合全程通入氮气作为保护气体, 键合温度为 250 ℃, 键合时间为 20 min。针对不同的电镀 Sn 层厚度、键合压力以及退火工艺设置 3 组键合参数, 如表 5.1 所示, 其中退火工艺温度为 250 ℃, 退火时间为 30 min。

图 5.3 为使用不同电镀液所得到的直径为 50 μm 的 Cu 微凸点阵列在金相显微镜下的表面形貌, 其中插图为单个 Cu 微凸点的放大图。图 5.3a 中所使用的为甲基磺酸体系 TSV 电镀液, 其组分已在前文中介绍, 采用 0.01 ASD 的电流密度预

图 5.2   FC150 键合机

表 5.1   3 组样片的微凸点键合工艺参数

组别编号	Sn 层厚度 /μm	键合压力 /MPa	退火工艺
1	5.0	0.2	无
2	2.5	5.0	无
3	2.5	5.0	有

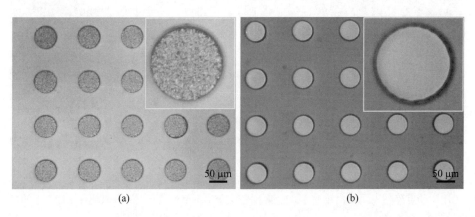

图 5.3   不同电镀液下所得到的 Cu 微凸点表面形貌: (a) 使用 TSV 电镀液得到的 Cu 微凸点表面形貌, 其中插图为单个微凸点的放大图; (b) 使用凸点镀 Cu 电镀液得到的 Cu 微凸点表面形貌, 其中插图为单个微凸点的放大图

电镀 5 min 后, 将电流密度增加至 0.1 ASD , 电镀 4 h。图 5.3b 中所使用的为甲基磺酸体系凸点镀 Cu 电镀液, 其组分为 Cu 离子 50 g/L、甲基磺酸 100 g/L、氯离子 50 mg/L、加速剂 7 mL/L、平整剂 5 mL/L, 采用 0.1 ASD 的电流密度预电镀

1 min 后, 将电流密度增加至 10 ASD , 电镀 5 min。对比图 5.3a 和 b 我们发现, 使用 TSV 电镀液所得到的 Cu 微凸点表面较为粗糙, 晶粒较大, 且电镀时间较长; 更换为专用凸点镀 Cu 电镀液后, 微凸点表面变得光滑, 且沉积时间大大缩短, 因此在后续实验中选用凸点镀 Cu 电镀液进行 Cu 微凸点的沉积。

电镀过程中, 微凸点可能会出现表面氧化或表面凹陷等缺陷, 如图 5.4 所示。微凸点表面发生氧化主要是由电镀结束后对样片表面吹干不彻底或不及时所导致。去除氧化的有效办法是将样片放置于 5% ~ 10% 的稀盐酸溶液中静置 2 min。微凸点出现表面凹陷的主要原因是电镀前掩模图形底部的光刻胶没有被完全去除, 导致掩模图形底部的 Cu 种子层没有完全暴露出来; 为了避免发生这种缺陷, 电镀前一般需要用去胶机去除掩模图形底部可能残留的光刻胶。

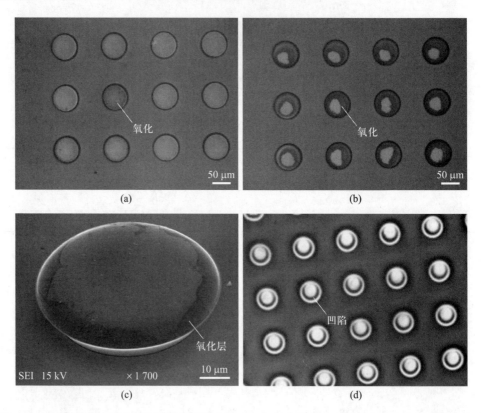

图 5.4　电镀的 Cu 微凸点可能出现的缺陷类型: (a) 单个微凸点表面氧化在金相显微镜下的形貌; (b) 微凸点阵列表面氧化在金相显微镜下的形貌; (c) 单个微凸点表面氧化在 SEM 下的形貌; (d) 微凸点阵列表面凹陷在金相显微镜下的形貌

图 5.5 为 Cu/Cu 纳米棒微凸点及 Cu/Sn 微凸点的形貌。其中, 图 5.5a 为 Cu 微凸点阵列表面沉积 Cu 纳米棒后的整体 SEM 形貌, 可以看出, 微凸点排列整齐, 没有明显的电镀缺陷。单个微凸点的 SEM 形貌如图 5.5b 所示, 其中插图为微凸点表面任选一区域的放大图。与 2.1 节中在无图形基底上制备的 Cu 纳米棒阵列形貌相同, 我们在微凸点上也成功得到了排列整齐的 Cu 纳米棒阵列。电镀 Sn 后

的微凸点阵列在金相显微镜下的形貌如图 5.5c 所示, 凸点大小均匀, 表面没有明显缺陷。对 Sn 表面进行放大并用扫描电子显微镜 (SEM) 进行表征, 如图 5.5d 所示, 可以看到电镀 Sn 的晶粒形状为不规则多边形, 其尺寸比沉积的 Cu 纳米棒尺寸要大很多。

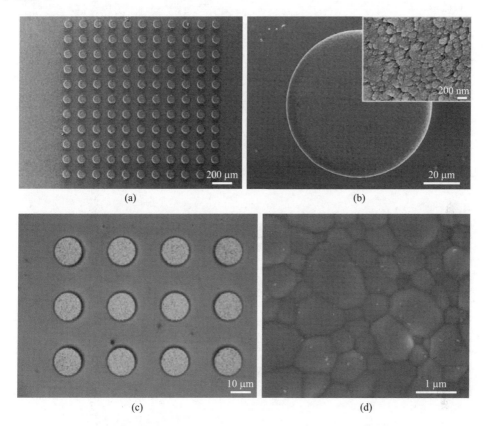

图 5.5 Cu/Cu 纳米棒微凸点及 Cu/Sn 微凸点的形貌: (a) 溅射 Cu 纳米棒后微凸点阵列的表面形貌; (b) 溅射 Cu 纳米棒后单个微凸点的表面形貌, 其中插图为其放大图; (c) 电镀 Sn 后微凸点阵列的表面形貌; (d) 电镀 Sn 后微凸点表面的放大图

5.1.2 Cu/Sn 凸点间键合表征

对键合后的样片进行镶样并研磨抛光, 暴露出微凸点的断面结构。图 5.6 为表 5.1 中组别 1 样片的键合结果。图 5.6a 为键合断面在金相显微镜下的形貌, 插图为单个键合微凸点的放大图, 上下两个样片成功地实现了对准, 键合界面的 Cu 与 Sn 发生扩散, 生成金属间化合物 (IMC), 原始的 Cu 纳米线已经消失, 但键合后有部分微凸点界面的 Sn 层溢出。图 5.6b 和 c 为单个微凸点键合的 SEM 形貌, 除了有 Sn 层溢出, 键合界面还有一些孔洞生成。Sn 层的溢出可能是由电镀时间不当使 Sn 层过厚所导致, 而键合界面产生孔洞则与键合压力较小有一定关系。

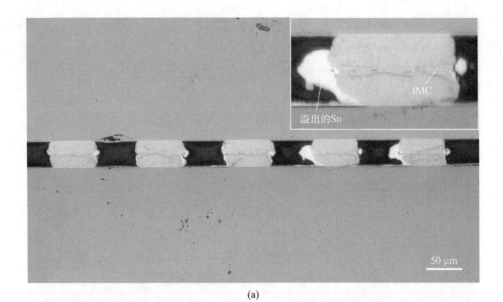

彩图

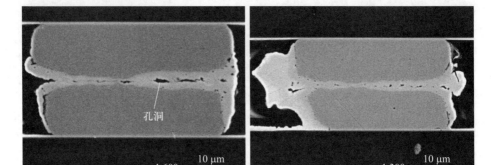

图 5.6　组别 1 样片的键合结果: (a) 键合断面在金相显微镜下的形貌, 其中插图为单个微凸点键合的放大图; (b ~ c) 单个微凸点键合的 SEM 形貌

利用 X 射线对基于 Cu 纳米棒的 Cu/Sn 微凸点键合样片进行检测, 结果如图 5.7 所示。其基本原理为, 不同材料对 X 射线的吸收率或透射率不同, 因而接收到的穿过被测样品的 X 射线含量也不相同, 反映到终端设备上则表现为透射图像灰度值的不同, 通过图像的灰度值可以判断被测样品的密度或厚度信息。X 射线检测可分为直射式检测和三维断层检测两种。其中, 直射式检测利用 X 射线对被测样品进行单次透射成像; 而三维断层检测则通过旋转 X 射线发生源与被测样品的相对位置对被测样品内部的多个截面进行成像, 最终通过重建算法获得被测样品的三维图像, 并根据重建图像的灰度值判断样品有无缺陷。由图 5.7 我们可以清楚地观察到, 键合样片的整体对准情况良好, 同时部分键合微凸点界面出现 Sn 层溢出的情况, 这与样片在金相显微镜及 SEM 下观察到的结果相符。但是对于键合界面的小尺寸孔洞, 不论是直射式检测还是三维断层检测, 均无法准确地检测到, 这主

要是由缺陷尺寸过小而检测设备分辨率达不到要求所导致。如果想要准确地检测键合界面内部的微小孔洞, 需要使用更高分辨率的检测设备, 必要时需要结合 SEM 等有损检测工具。

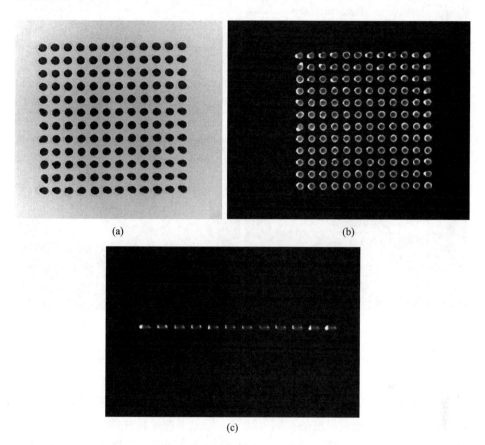

图 5.7 组别 1 样片键合的 X 射线检测结果: (a) 直射式 X 射线扫描图像; (b) 样片表面的三维断层 X 射线扫描图像; (c) 样片断面的三维断层射线扫描图像

随后, 我们将 Sn 层厚度从 5 μm 减小至 2.5 μm, 同时将键合压力从 0.2 MPa 增加至 5 MPa (表 5.1 中的组别 2), 则键合结果如图 5.8 所示。图 5.8a 和 b 为金相显微镜下键合样片的断面形貌; 图 5.8c 和 d 为 SEM 下键合样片的断面形貌。键合界面没有出现 Sn 层溢出的情况, 说明减少 Sn 层厚度可以有效避免由于 Sn 层过厚而在键合过程中溢出的现象。此外, 增加键合压力后, 键合界面变得更加紧密, 没有明显的孔洞等缺陷, 说明适当的压力可以有效地促进 Cu 原子和 Sn 原子的扩散。键合 20 min 后, 键合微凸点界面的 IMC 中存在两种物质, 结合能谱分析结果可以确定 IMC 为 $Cu_3Sn/Cu_6Sn_5/Cu_3Sn$ 的三明治结构。

由前文针对组别 1 样片键合的 X 射线检测结果可知, X 射线对于检测微凸点键合界面的微小孔洞等缺陷有一定的难度, 因此这里只采用 X 射线的二维直射式检测方式检查组别 2 上下两个样片微凸点的对准情况以及键合界面有无较大尺寸

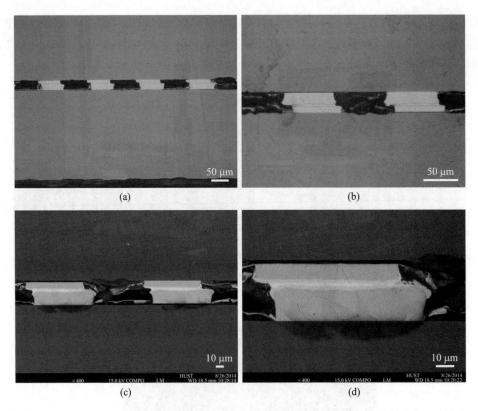

图 5.8　组别 2 样片的键合结果: (a) 键合断面在金相显微镜下的形貌; (b) 键合断面在金相显微镜下的放大图; (c) 键合断面在 SEM 下的形貌; (d) 键合断面在 SEM 下的放大图

的缺陷, 结果如图 5.9 所示。扫描图像中没有在微凸点键合界面发现明显的灰度值变化, 说明界面没有较大尺度的孔洞等缺陷。但上下两个样片的微凸点存在一定的对准偏差, 这一结果与该样片的断面 SEM 检测结果相符。组别 1 样片的键合结果已经证实, 我们所使用的键合设备可以实现上下两个样片的对准, 因此这里的对准偏差主要与设备使用人员的工艺操作水平有关。

进一步对该键合参数 (键合温度为 250 ℃, 键合压力为 5 MPa, 电镀 Sn 层厚度为 2.5 μm) 下的样片进行退火处理 (表 5.1 中的组别 3), 结果如图 5.10 所示。其中, 图 5.10a 和 b 为金相显微镜下键合样片的断面形貌; 图 5.10c 和 d 为 SEM 下键合样片的断面形貌。与退火前样片键合结果相比, 退火后界面仍结合得非常紧密, 没有出现 Sn 层溢出的情况, 也没有明显的孔洞等缺陷, 但是键合界面的 IMC 中只有一种物质, 说明退火过程中 Cu_6Sn_5 继续与 Cu 反应生成 Cu_3Sn。综合本章前述实验结果可以证实, 将 Cu 纳米棒引入 Cu/Sn 微凸点键合后, 在适当的键合压力和 Sn 层厚度下, 可以在 250 ℃ 键合温度下实现有效的连接。

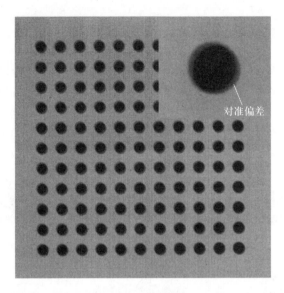

图 5.9　组别 2 样片键合的直射式 X 射线检测结果

图 5.10　组别 3 样片的键合结果: (a) 键合断面在金相显微镜下的形貌; (b) 键合断面在金相显微镜下的放大图; (c) 键合断面在 SEM 下的形貌; (d) 键合断面在 SEM 下的放大图

5.2　基于 Cu 纳米棒的 Cu 凸点间键合

在前面的研究中, 我们将纳米棒引入 Cu–Cu 热压键合, 验证了其可行性并取得了良好的效果。本节我们将进行面向三维的低温 Cu–Cu 键合技术研究, 即芯片与芯片之间通过微凸点键合实现信号连接。将纳米棒倾斜沉积在微凸点表面, 研究基于 Cu 纳米棒的低温微凸点互连, 其工艺流程示意图如图 5.11 所示, 具体工艺步骤如下:

彩图

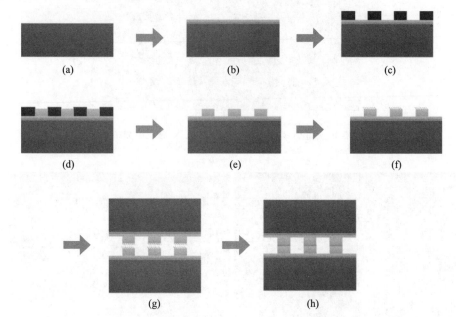

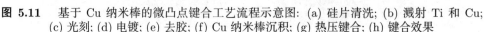

图 5.11　基于 Cu 纳米棒的微凸点键合工艺流程示意图: (a) 硅片清洗; (b) 溅射 Ti 和 Cu; (c) 光刻; (d) 电镀; (e) 去胶; (f) Cu 纳米棒沉积; (g) 热压键合; (h) 键合效果

(1) 硅片清洗。

(2) 溅射 Ti 和 Cu。用磁控溅射镀膜机在清洁硅片表面分别溅射 50 nm 的 Ti 和 250 nm 的 Cu 作为黏附层和种子层。

(3) 光刻。在种子层表面旋涂光刻胶, 光刻胶型号为 PR1–12000A, 匀胶的转速曲线分两部分: 第一部分转速为 1 000 r/min, 时间为 10 s; 第二部分转速为 2 500 r/min, 时间为 40 s。旋涂后光刻胶的厚度约为 15 μm, 匀胶后将硅片置于 120 ℃ 热板上软烘 3 min。使用预先设计的图像制作光刻掩模版, 图形是直径为 70 μm、规模为 11×11 的圆孔阵列, 接着在光刻机 (MA6) 下曝光 240 s, 接触方式为硬接触。曝光后使用显影液 (RD6) 将化学性质发生改变的可溶解区域光刻胶溶解掉, 显影时间为 180 s。之后用大量去离子水冲洗, 并用氮气枪吹干。显影后溶解区域的底部容易残留部分光刻胶, 残留光刻胶会对后续电镀产生不良的影响, 因此在电镀前需要用去胶机将样片孔洞底部的残留光刻胶去除, 去胶机的工作功率设定为 100 W, 去胶时间为 5 min。

(4) 电镀。将光刻得到的圆孔掩模硅片电镀 Cu 以获得微凸点样片, 电镀设备示意图和实物图如图 5.12a 和 b 所示。所用电镀液为上海新阳半导体材料有限公司的芯片 Cu 互连电镀液 SYSB2210, 其化学成分为 Cu 离子 50 g/L、甲基磺酸 100 g/L、氯离子 50 mg/L、加速剂 (UPB3221A) 7 mL/L、平整剂 (UPB3221L) 5 mL/L。首先以电流密度 0.1 ASD 进行预电镀 3 min, 使待电镀表面活化, 然后将电流密度提高至 5 ASD, 电镀 4 min。整个电镀过程在室温下进行, 并用磁力搅拌器以 300 r/min 的转速搅拌电镀液, 使电镀液混合均匀, 最终的电镀效果如图 5.12c 所示, 右上角的插图为单个微凸点表面形貌的放大图, 可以看到, 电镀的 Cu 微凸点都是标准圆形且凸点表面光滑, 没有明显的变形或孔洞等缺陷, 说明电镀效果良好。

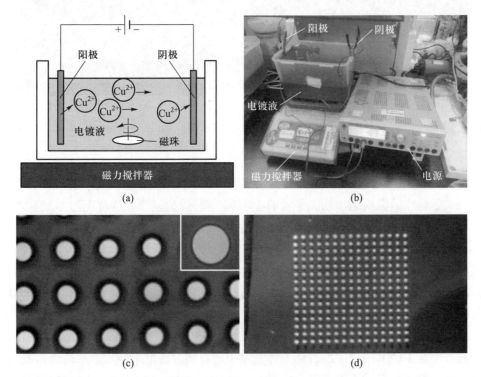

图 5.12　电镀示意图与电镀微凸点形貌: (a) 电镀设备示意图; (b) 电镀设备实物图; (c) 电镀微凸点表面形貌; (d) 去胶后 Cu 微凸点阵列

(5) 去胶。将电镀后的样片放置于丙酮溶液中去胶, 持续晃动烧杯 5 min, 以保证样片上的光刻胶掩模完全溶入丙酮溶液, 再将样片置于无水乙醇中溶解表面残留的丙酮和光刻胶, 时间为 5 min。最后, 使用大量的去离子水冲洗并用氮气枪吹干, 去胶后 Cu 微凸点阵列如图 5.12d 所示。

(6) Cu 纳米棒沉积。本节采用倾斜溅射的方法生长 Cu 纳米棒, 将微凸点样片倾斜固定在自制样品台上, 保持样片法线相对靶材法线的夹角为 85°, 设定射频溅射功率为 300 W, 时间为 30 min。图 5.13 为沉积 Cu 纳米棒的微凸点阵列表面形貌。图 5.13a 为倾斜溅射后的微凸点阵列。单个微凸点形貌如图 5.13b 所示, 右上角插图为微凸点表面的局部放大图, 可以观察到, 微凸点表面成功地生长出 Cu 纳米棒结构。

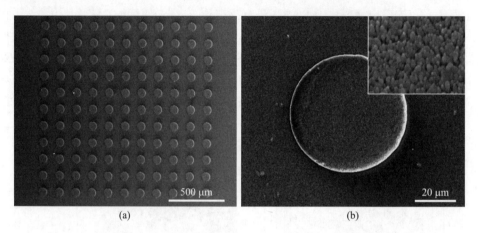

(a)　　　　　　　　　　　　　(b)

图 5.13　沉积 Cu 纳米棒的微凸点阵列表面形貌: (a) 沉积 Cu 纳米棒的微凸点阵列 SEM 图; (b) 沉积 Cu 纳米棒的单个微凸点表面形貌及其局部放大图

(7) 热压键合。对沉积 Cu 纳米棒的微凸点样片进行热压键合, 以苏州纳米技术与纳米仿生研究所纳米加工平台的 FC150 倒装焊机完成此键合工艺。

将键合样片分为两组, 键合温度均为 300 ℃, 键合压力为 20 MPa, 键合时间20 min。第一组样片在 N_2 保护气氛中进行键合, 第二组样片在 $HCOOH/N_2$ 混合还原性气氛中进行键合, 图 5.14a 和 b 以及图 5.14c 和 d 分别为两组样片键合的截面形貌和相应单对凸点键合的放大图。可以看到, 在 N_2 保护气氛中键合的上下样片是分开的, 相对于 2.3 节中在 Ar 惰性气氛和 300 ℃ 温度下键合 1 h 的效果, 第一组键合没有成功, 表明键合时间过短, Cu 原子扩散不够充分, 上下凸点未熔合在一起。而在 $HCOOH/N_2$ 混合还原性气氛中进行键合的上下样片紧密结合, 再次验证了还原性气氛有助于提高键合质量这一结论。如图 5.14d 所示, 上下样片的键合微凸点在边缘处存在逐渐张开的细缝, 这是由于电镀 Cu 微凸点在边缘处不平整, 在键合过程中不能紧密接触, 此问题可以通过改善光刻和电镀工艺得到解决。综合而言, 本节实验成功地将 Cu 纳米棒沉积在微凸点表面并初步实现了面向三维堆叠的键合工艺研究。

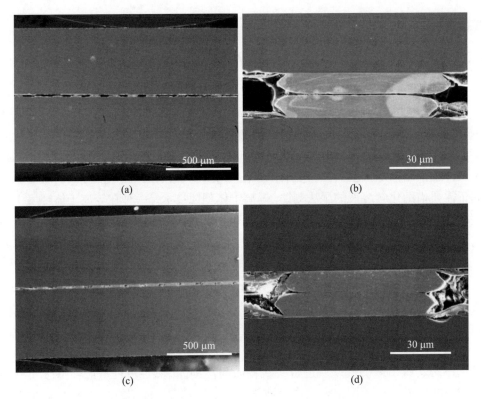

图 5.14　基于 Cu 纳米棒的微凸点键合: (a) 第一组微凸点样片键合截面图, 键合温度为 300 °C, 压力为 20 MPa, 时间为 20 min, 气氛为 N$_2$; (b) 为图 (a) 样片单对微凸点键合截面形貌图; (c) 第二组微凸点样片键合截面图, 键合温度为 300 °C, 压力为 20 MPa, 时间为 20 min, 气氛为 HCOOH/N$_2$; (d) 为图 (c) 样片单对微凸点键合截面形貌图

5.3　TSV 和 Cu 凸点片间互连技术

刻蚀是整个 TSV 制备工艺的基础, 硅孔的刻蚀质量将直接决定后续种子层沉积效果, 并对 TSV 填充质量产生重要影响。基于深反应离子刻蚀 (DRIE) 技术的 TSV 刻蚀的主要优势包括: 刻蚀形貌的可控性和稳定性; 较高的刻蚀选择比; 较快的刻蚀速率; 较高的刻蚀深宽比。但是也存在一些问题, 如刻蚀和钝化交替工艺产生的波纹结构, 以及由工艺控制不当所产生的微草 (micrograss) 结构。本节研究 TSV 刻蚀工艺参数对侧壁粗糙度的影响, 着重探究侧壁大尺度微草结构的形成及生长规律, 并通过工艺优化来消除微草结构, 改善侧壁光滑度, 得到小孔径、高深宽比、侧壁形貌良好的 TSV 阵列, 从而结合 Cu 凸点间键合技术实现 TSV 与 Cu 凸点片间的互连。

5.3.1　TSV 刻蚀工艺

5.3.1.1　TSV 刻蚀技术概述

自 1958 年集成电路被发明以来, 基于硅基底的刻蚀技术得到快速发展。刻蚀技术主要分为两类: 湿法刻蚀和等离子体刻蚀。20 世纪 60 年代, 人们发现硅在某些化学溶液中具有晶向刻蚀速率不同的特性, 由此硅的湿法刻蚀得到广泛研究 (Finne 等, 1967; Lee, 1969; Kwon 等, 2006)。然而湿法刻蚀在高深宽比结构, 尤其是较深沟槽结构加工上具有一定局限性, 从而限制了其在深硅刻蚀方面的应用。不同于需要借助化学溶液的湿法刻蚀, 等离子体刻蚀技术是一种在等离子体环境中发生的气–固化学反应刻蚀, 可以将其分为四大类, 包括溅射式刻蚀、化学刻蚀、离子增强刻蚀以及侧壁抑制刻蚀。目前, 被公认为高深宽比 TSV 结构刻蚀首选技术方案的 DRIE 技术就属于侧壁抑制刻蚀。该技术以氟基等离子体刻蚀硅, 以碳氟基等离子体对侧壁进行钝化保护, 整个过程刻蚀与钝化交替进行, 从而达到深硅刻蚀目的 (Chang 等, 2005; Nagarajan 等, 2007; Tian 等, 2008)。如图 5.15 所示, DRIE 与钝化工艺为: 首先在硅基底表面制备掩模, 覆盖不需要刻蚀的区域, 同时暴露出需要刻蚀的区域, 掩模材料可以是光刻胶, 也可以是 SiO_2 等 (图 5.15a); 其次以等离子体对暴露出来的硅基底进行一次各向同性刻蚀, 刻蚀过程一般会持续几秒钟 (图 5.15b); 然后以一层聚合物作为钝化层沉积在基底表面 (图 5.15c); 最后进行第二次刻蚀, 等离子体中的正电子在底部偏压驱动下加速轰击掉基底底部钝化层, 同时缓慢轰击侧壁钝化层, 当基底底部钝化层被完全去除后, 随即重复第一次刻蚀过程, 对暴露出来的硅基底进行各向同性刻蚀 (图 5.15d)。刻蚀和钝化如此交替进行,

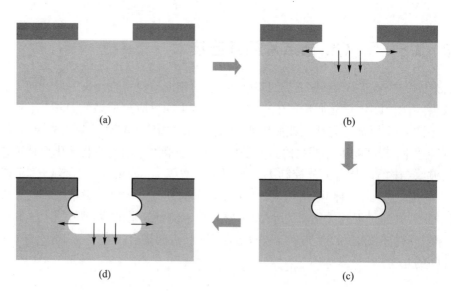

(a)　　　　　　　　　　　　(b)

(d)　　　　　　　　　　　　(c)

图 5.15　DRIE 与钝化工艺示意图: (a) 掩模制备; (b) 第一次刻蚀; (c) 第二次刻蚀; (d) 钝化保护

最终可得到高深宽比结构。这种工艺方法不可避免地在硅孔侧壁形成微纳米尺度波纹结构, 俗称 "扇贝" 结构。

5.3.1.2 刻蚀工艺参数对 TSV 侧壁粗糙度的影响

TSV 刻蚀的具体工艺流程如下:

(1) 采用标准 RCA 清洗工艺对硅片进行清洗, 去除表面沾污, 为后序工艺提供一个清洁的基片。

(2) 使用正性光刻胶 PR1-12000A (Futurrex 公司) 作掩模, 利用光刻技术将 TSV 阵列图形转移到基底上。光刻机型号为 MA6 (Karl Suss 公司), 曝光时间为 180 s, 接触方式为硬接触。

(3) 将带有掩模图案的样品放入感应耦合等离子体刻蚀机 (Oxford PlasmaLab System 100, Oxford Instrument 公司) 中, 通入刻蚀气体 SF_6 和钝化气体 C_4F_8, 对样品进行深刻蚀。单步刻蚀时间、单步钝化时间以及刻蚀总时间将根据样品的不同进行调整, 其他刻蚀工艺参数见表 5.2。这里, 我们在刻蚀过程中 (主要气体为刻蚀气体 SF_6) 通入少量钝化气体 C_4F_8, 同时在钝化过程中 (主要气体为刻蚀气体 C_4F_8) 通入少量刻蚀气体 SF_6, 以提高换气效率, 避免气体阀门存在完全关闭状态。

表 5.2 部分 TSV 刻蚀工艺参数

工艺步骤	气体	SF_6/C_4F_8 流量/sccm	线圈功率/W	射频功率/W
刻蚀	SF_6	100/5	750	25
钝化	C_4F_8	5/100	750	10

(4) 刻蚀后需要去除硅片表面残留的光刻胶和硅孔内部残留的碳氟化合物。将硅片放入 120 ℃ 的 piranha 溶液 ($H_2SO_4:H_2O_2 =7:3$) 中浸泡 20 min, 再用去离子水冲洗干净。

影响 DRIE 刻蚀的参数有很多, 包括工艺气体、气体流量、腔体压强、工艺温度、单步刻蚀时间、单步钝化时间、循环周期数或循环时间、产生等离子体的线圈功率、射频功率等。本节着重研究单步刻蚀时间、单步钝化时间以及循环时间对 TSV 刻蚀形貌的影响。

首先采用单步刻蚀时间 8 s、单步钝化时间 10 s 的工艺方案 A 对直径 30 μm 的 TSV 阵列进行刻蚀, 其余刻蚀参数见表 5.2。刻蚀之前使用光刻胶作掩模, 其断面和表面形貌使用 SEM (Quanta 200, FEI 公司) 观察, 结果如图 5.16a 和 b 所示。由于实验采用正性光刻胶, 且厚度较大 (约 13 μm), 显影后出现光刻胶开口上大下小的现象 (光刻胶开口直径约 40 μm, 底部直径约 30 μm)。刻蚀 43 min 后, TSV 阵列断面 SEM 结果显示刻蚀的整体均匀性非常好 (图 5.16c)。单个 TSV 的 SEM 图显示刻蚀垂直度非常好, 孔径与设计尺寸一致 (30 μm), 刻蚀深度约 70 μm(图 5.16d)。但是, 在 TSV 侧壁可明显观察到一段形貌粗糙的结构, 对这一结构进行放大, 可以看到, 粗糙结构由竖直的条状结构组成 (图 5.16e), 由于其形貌与草相似, 我们称之为 "微草"。微草结构尺寸一般在微米量级, 且形貌杂乱, 将对后续 TSV 金属层沉积会产生不良影响。另外, 刻蚀过程中侧壁产生的波纹结构如图 5.16f 所示, 波纹较为均匀, 尺寸在纳米量级, 对后续金属层沉积影响不大。因此, 本节将重点对刻蚀过程中产生的侧壁大尺寸微草结构进行研究。

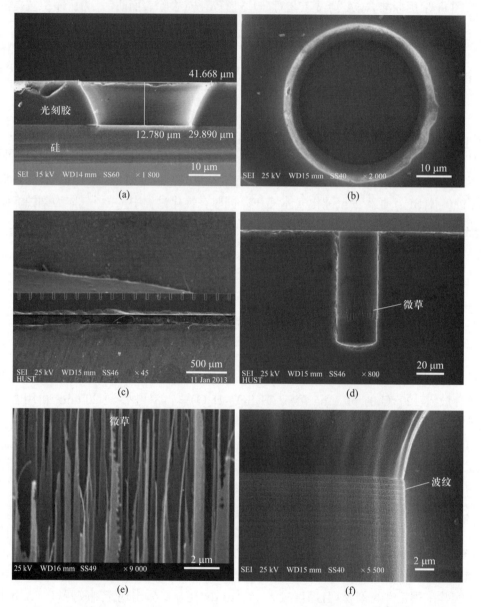

图 5.16　采用工艺方案 A 刻蚀的 TSV 微观形貌: (a) 光刻胶掩模的断面 SEM 图; (b) 光刻胶掩模的表面 SEM 图; (c) 刻蚀 43 min 后的 TSV 阵列; (d) 单个 TSV 形貌; (e) TSV 侧壁的微草结构; (f) TSV 侧壁的波纹结构

微草结构的产生, 主要是由于钝化工艺中 TSV 底部沉积的钝化层没有在下一次刻蚀工艺中被完全去除。前面我们讨论过, 深硅刻蚀是由刻蚀和钝化重复交替实现的, 钝化过程会在 TSV 侧壁和底部沉积一层钝化保护层, 而刻蚀工艺则快速刻蚀底部钝化层, 缓慢刻蚀侧壁钝化层。如果工艺参数控制不当, 底部钝化层没有被完全去除, 那么下一次刻蚀会在底部继续残留钝化层, 如此往复, 将导致刻蚀和钝化工艺失调, 从而产生大尺寸微草粗糙结构。

为了进一步研究 TSV 侧壁的微草结构, 我们对一系列不同孔径 (30 μm、40 μm、50 μm、70 μm) 和不同总刻蚀时间 (32 min、43 min、54 min、65 min、76 min、87 min、98 min、109 min) 的 TSV 样片进行分析。图 5.17 为孔径 50 μm 的 TSV 在刻蚀时间分别为 32 min、43 min、54 min 和 98 min 时的断面微观形貌。刻蚀 32 min 时, 侧壁没有出现微草结构 (图 5.17a); 刻蚀 43 min 时, 侧壁出现一个垂直方向宽度约 8 μm 的微草结构 (图 5.17b); 刻蚀 54 min 时, 侧壁出现两个垂直方向相邻分布的微草结构 (图 5.17c); 刻蚀 98 min 时, 侧壁出现 4 个垂直方向相邻分布的微草结构 (图 5.17d)。上述结果表明, 刻蚀初期工艺较稳定, 侧壁没有产生粗糙的大尺寸微草结构, 随着刻蚀时间的增加, 结构深宽比不断增加, 微草开始出现, 并且其数目随着刻蚀时间的增加而增加。将所有具有不同 TSV 孔径与刻蚀总时间的

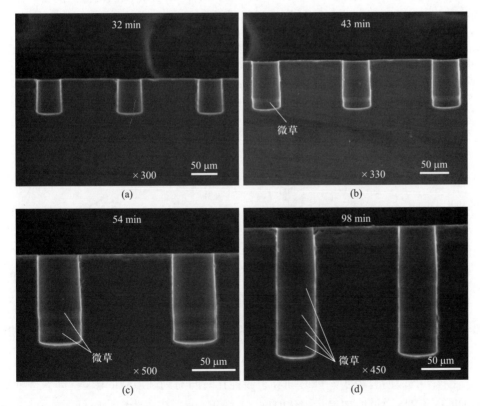

图 5.17 孔径 50 μm 的样片在不同刻蚀时间下的微观形貌: (a) 32 min; (b) 43 min; (c) 54 min; (d) 98 min

样片的刻蚀结果进行汇总, 如表 5.3 所示。除了孔径 50 μm 和 70 μm 的 TSV 样片刻蚀 32 min 没有产生微草外, 其余样片均在侧壁产生了微草结构, 说明微草产生与 TSV 孔径和刻蚀时间 (体现为 TSV 深宽比) 有一定关系。

表 5.3　不同 TSV 孔径与刻蚀总时间下样片的微草结构

样品编号	孔径/μm	刻蚀总时间 /min	有无微草结构
1–7	30	32, 43, 54, 65, 76, 87, 98, 109	有
8–14	40	32, 43, 54, 65, 76, 87, 98, 109	有
15	50	32	无
16–21	50	43, 54, 65, 76, 87, 98, 109	有
22	70	32	无
23–28	70	43, 54, 65, 76, 87, 98, 109	有

下面进一步讨论不同孔径和刻蚀时间下 TSV 样片的微草生长规律。这里我们设定微草首次出现时所在位置深度为 H_0, 总刻蚀深度为 H, 图 5.18 汇总了不同孔径 TSV 样片的刻蚀时间与微草所在位置深度 H_0 及刻蚀总深度 H 的关系曲线 (图 5.18a), 以及刻蚀时间与 H_0/H 的关系曲线 (图 5.18b)。结果表明, 随着刻蚀时间的增加, 刻蚀深度 H 不断增加, 但不同孔径 TSV 中微草首次出现时所在的位置深度 H_0 并没有太大变化, 因此 H_0/H 数值会随着刻蚀时间的增加而减小。这一结果说明, 微草的产生与 TSV 孔径和刻蚀时间有关, 然而微草一旦产生, 其首次出现时所在的位置与 TSV 孔径和刻蚀时间没有关联。

彩图

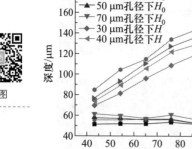

(a)

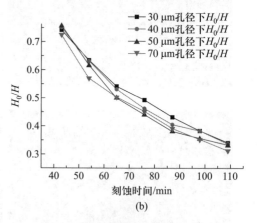

(b)

图 5.18　不同孔径和刻蚀时间下 TSV 的微草生长规律: (a) 刻蚀时间与微草深度 H_0 以及刻蚀总深度 H 的关系曲线; (b) 刻蚀时间与 H_0/H 的关系曲线

接着, 我们研究单步刻蚀时间和单步钝化时间对刻蚀形貌的影响, 即保持单步刻蚀时间不变, 通过增加单步钝化时间 (方案 B) 或减少单步钝化时间 (方案 C) 调整刻蚀和钝化工艺。不同方案的具体刻蚀和钝化时间如表 5.4 所示。

表 5.4   不同刻蚀方案的单步刻蚀和单步钝化时间

工艺方案	单步刻蚀时间/s	单步钝化时间/s
A	8	10
B	8	13
C	8	5

图 5.19 为按照工艺方案 B 刻蚀的 TSV 形貌 (孔径 40 μm, 刻蚀深度约 160 μm)。当保持单步刻蚀时间不变而增加单步钝化时间后, 底部沉积的钝化保护层将更加难以被刻蚀工艺完全去除, 严重影响了刻蚀和钝化工艺的平衡, 因此出现了更加严重的微草现象。其中, 图 5.19a 为刻蚀后 TSV 阵列的 SEM 图; 图 5.19b 为 TSV 底部区域的放大图, 可以观察到明显的微草结构。

从工艺方案 A 和方案 B 可以看出, 增加钝化时间会使微草现象更加严重, 因此我们尝试以减少钝化时间的工艺方案 C 来消除 TSV 侧壁微草结构, 取得预期效果。图 5.20 为工艺方案 C 刻蚀的 TSV 微观形貌, 刻蚀结果显示, 采用工艺方案 C

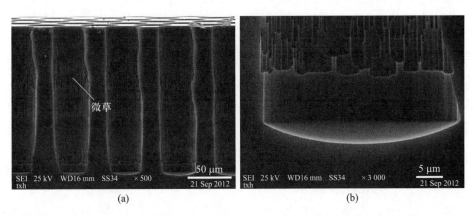

图 5.19   工艺方案 B 所刻蚀的 TSV 微观形貌: (a) TSV 阵列的 SEM 图; (b) TSV 底部区域的放大图

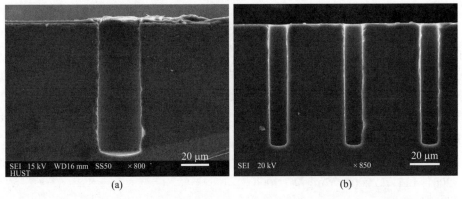

图 5.20   工艺方案 C 刻蚀的 TSV 微观形貌: (a) TSV 孔径为 30 μm, 刻蚀时间为 43 min; (b) TSV 孔径为 10 μm, 刻蚀时间为 54 min

后, 不同孔径和深宽比的 TSV 均没有出现微草结构, 说明选取合适的单步刻蚀时间和单步钝化时间可以成功消除 TSV 侧壁大尺寸微草结构, 提高侧壁光滑度。一般情况下, 应使单步刻蚀时间大于单步钝化时间, 这样有利于完全刻蚀掉结构底部残留的钝化层, 保证工艺的稳定性。

5.3.1.3　TSV 孔径和深宽比对刻蚀速率的影响

刻蚀速率是 DRIE 中一个非常重要的工艺指标, 它除了与设备工艺参数例如线圈功率、气体流量、腔压、工艺温度、单步刻蚀和钝化时间等有关外, 还与刻蚀结构尺寸、深宽比及占空比有一定关系。图 5.21 汇总了工艺方案 A 在不同孔径 (30 μm、40 μm、50 μm、70 μm) 和刻蚀时间 (32 min、43 min、54 min、65 min、76 min、87 min、98 min、109 min) 下的 TSV 刻蚀速率与刻蚀时间的关系曲线 (图 5.21a), 以及 TSV 刻蚀速率与结构深宽比的关系曲线 (图 5.21b)。可以看到, 所有不同孔径的 TSV 在刻蚀过程中都遵循以下规律: 随着刻蚀时间的增加, 刻蚀深度不断增加, 但刻蚀速率不断下降; TSV 孔径越大, 刻蚀速率越快; 刻蚀结构深宽比越大, 刻蚀速率越小。

彩图

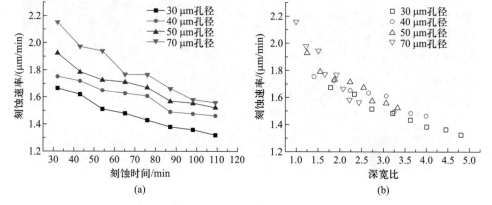

图 5.21　不同孔径和刻蚀时间下的刻蚀速率比较: (a) 刻蚀速率与刻蚀时间的关系曲线; (b) 刻蚀速率与刻蚀结构深宽比的关系曲线

上述实验现象就是 TSV 刻蚀的特征尺寸效应或深宽比效应 (feature size or aspect-ratio dependent etch, ARDE), 即刻蚀速率会因刻蚀结构特征尺寸或深宽比的不同而不同, 特征尺寸越小, 深宽比越大, 刻蚀速率越低。产生这一现象的主要原因与刻蚀过程的物质输送机制有关。刻蚀结构深宽比越大, 反应物越难以到达结构的底部, 同时反应生成的中间产物也越难从结构中排除。研究表明, 有效地刻蚀结构底部的钝化层有利于改善 ARDE 现象。目前, 可行的方案主要包括提高 SF6 气体流量、增加腔压、降低工艺温度、优化单步刻蚀和钝化工艺等 (Ayón, 1999; Lill 等, 2001; Lai 等, 2006; Yang 等, 2006)。

5.3.2 TSV 镀 Cu 填充工艺

5.3.2.1 TSV 镀 Cu 填充技术概述

TSV 镀 Cu 填充是整个 TSV 制备工艺最为关键的一步, 也是三维集成技术的核心, TSV 填充质量的好坏将直接影响芯片在垂直方向电信号传输性能及可靠性。影响电镀质量的关键因素包括 TSV 孔形和光滑度, 绝缘层、黏附/阻挡层、种子层的覆盖情况, 镀液润湿特性, 镀液和添加剂的化学组分, 以及工艺特性 (Nguyen 等, 2002; Kim 等, 2006; Dixit 等, 2006; Zhang 等, 2015)。

1. TSV 孔形和光滑度

目前 TSV 刻蚀得到的孔形主要有 3 种: 锥形孔 (开口直径大于底部直径)、垂直孔 (开口直径与底部直径相同)、凹角孔 (开口直径小于底部直径)。通常, 锥形孔和垂直孔更有利于填充的进行。一方面, 锥形孔和垂直孔的种子层覆盖更加充分, 凹角孔则可能导致种子层沉积不均, 尤其在 TSV 底部。另一方面, 由于电流集聚效应和物质输送限制效应的影响, TSV 电镀过程中往往需要使用添加剂来抑制孔口电镀速率, 提高底部电镀速率, 而凹角孔对添加剂的要求更高, 填充变得更加困难。TSV 侧壁光滑度也会影响后续种子层覆盖情况, 进而影响镀 Cu 填充质量。前面提到, 若 DRIE 刻蚀工艺参数控制不当, 会在 TSV 侧壁产生一些大尺度的粗糙结构, 影响后续的金属层沉积。

2. 绝缘层、阻挡层、种子层的覆盖情况

绝缘层、阻挡层以及种子层沉积的基本要求是在 TSV 侧壁和底部实现具有一定厚度的连续沉积, 并且薄层间应具有良好的黏附性。不连续的种子层沉积将直接导致 TSV 镀 Cu 填充的失败。影响这些薄层沉积质量的主要因素包括沉积方式 (PVD 或 CVD)、结构特征尺寸和深宽比、硅孔形貌和侧壁光滑度 (Worwag 等, 2007)。

3. 镀液润湿特性

润湿特性是指电镀液浸润 TSV 表面尤其是底部的能力。成功的 Cu 沉积需要镀液具有良好的润湿能力。影响润湿特性的主要因素包括预湿工艺、TSV 几何形貌、种子层表面状况以及镀液表面张力 (Worwag 等, 2007)。预湿工艺的目的在于去除 TSV 内部滞留的空气, 一般通过浸润和/或液体喷雾方式实现。随着 TSV 孔径的不断变小以及深宽比的不断增加, 对于预湿工艺的要求也越来越高, 有时甚至需要在电镀液中加入能够提高浸润能力的表面活性剂。种子层表面状况, 如种子层表面出现氧化层, 会增加表面接触角, 从而影响润湿特性。镀液表面张力同样会影响镀液浸润 TSV 表面的能力。使用少量浸润剂 (一般为表面活性剂) 可以降低镀液的表面张力, 提高浸润能力。

4. 镀液和添加剂的化学组分

电镀液主要成分通常包含主盐、酸性电解质、卤素离子 (一般为氯离子) 以及

添加剂 (季春花等, 2012; 魏红军等, 2014)。主盐的作用是提供电镀所需的 Cu 离子, 以增加镀液的导电性。根据主盐类型的不同, 可以将 TSV 镀液分为硫酸铜体系和甲基磺酸 Cu 体系。硫酸铜镀液允许的 Cu 盐含量一般为 $10 \sim 70$ g/L, 甲基磺酸 Cu 镀液允许的 Cu 盐含量一般为 $50 \sim 120$ g/L。相比于硫酸铜镀液, 甲基磺酸 Cu 镀液能够提供更强的 Cu 离子扩散能力, 因此可以承受更大的电镀电流密度, 从而降低电镀时间、提高电镀效率。酸性电解质用于溶解 Cu, 并保证镀液的导电性。氯离子的作用有两方面: 一方面用于协助阳极保持其可溶活性, 当阳极反应比较剧烈而产生过多的氧气, 或者氧化状态很强时, 氯离子可以协助阳极溶解, 以减少不良反应的发生; 另一方面用于协助增加添加剂的活性, 帮助 Cu 更好地沉积。

　　添加剂是电镀液中必不可少的成分, 主要目的在于改善镀液性能, 提高电镀质量。按功能, 添加剂可以分为加速剂、抑制剂和平整剂 3 种类别 (窦维平, 2012)。加速剂通常是丙磺酸的硫衍生物, 其分子量小, 一般吸附在 Cu 的表面和硅孔底部, 主要作用是降低电化学电位和阴极极化, 促进 Cu 沉积。抑制剂通常是长链的聚醚、聚丙基、聚缩醛等聚合物, 其分子量大, 一般吸附在硅孔开口处, 主要作用是在阴极表面形成一层抑制电流的单层膜, 用来阻碍 Cu 离子扩散, 从而抑制 Cu 沉积。平整剂通常是含有磺酸、胺或酰胺官能团的烷烃表面活性剂, 其分子量也较大, 但相比于抑制剂其吸附作用更强, 需要依赖质量运输。平整剂的主要作用是在电流密度高的区域抑制 Cu 沉积, 在电流密度低的区域促进 Cu 沉积, 从而获得较好的平坦化效果, 降低镀层表面的起伏度。镀 Cu 填充过程是各种添加剂协同作用的结果, 只有各种添加剂的浓度相互平衡, 才能得到无缺陷的完全填充。

　　5. 工艺特性

　　影响 TSV 镀 Cu 填充的主要工艺参数包括平均电流密度、淀积波形、镀液流动性等。合适的平均电流密度对于电镀填充质量至关重要。一般情况下, 高的电流密度可以加速电镀过程, 提高电镀效率, 但是过高的电流密度容易导致其他问题, 如表面过镀层过厚、TSV 内部孔洞等。淀积波形同样会对电镀填充质量产生影响。目前常用的淀积波形包括直流和反向脉冲两种。这两种波形的主要区别在于, 直流电源的可调因素只有电流值一项, 而脉冲电源的可调因素包括开启时间、关断时间和电流峰值。研究表明, 反向脉冲波形有利于提高电镀填充质量, 但工艺也更加复杂, 成本更高。TSV 镀液添加剂对于无缺陷镀 Cu 填充非常重要, 但其含量相对于电镀液来说十分微弱, 如果不能保证电镀液的循环搅拌, 很容易导致局部区域添加剂含量发生急剧变化, 进而影响电镀质量。因此, 镀液良好的流动性可以保证添加剂均匀分布, 提高电镀质量。

5.3.2.2　TSV 镀 Cu 填充的关键工艺因素

　　前面介绍了影响 TSV 镀 Cu 填充的关键工艺因素, 本节将通过实验对其中部分关键工艺因素进行研究。图 5.22 为电镀设备的示意图和实物图, 包括电镀电源 (直流)、电镀槽、电镀液 (2 L)、磁力搅拌器、阳极板、阴极板。实验采用了上海新阳半导体材料有限公司的 TSV 电镀液 UPT3360, 其化学组分为, Cu 离子 80 g/L, 甲基磺酸 7.5 g/L, 氯离子 50 ppm[①], 加速剂 1 mL/L, 抑制剂 7.5 mL/L, 平整剂 5 mL/L。

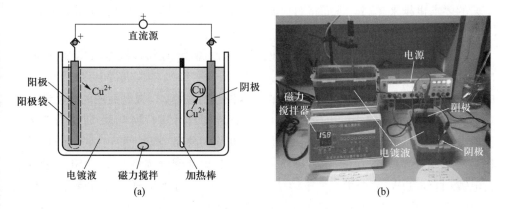

图 5.22 电镀设备: (a) 示意图; (b) 实物图

TSV 镀 Cu 填充流程示意图如图 5.23 所示, 使用优化的 DRIE 工艺 (单步刻蚀时间为 8 s, 单步钝化时间为 5 s) 对 TSV 进行刻蚀, 在 TSV 侧壁和底部依次沉积绝缘层、阻挡层、种子层。绝缘层材料为 SiO$_2$, 厚度为 500 nm, 使用等离子体增强化学气相沉积 (PECVD) 方法; 阻挡层材料为 Ti, 厚度为 50 nm, 使用磁控溅射沉积方法; 种子层材料选用 Cu, 厚度为 200 nm, 使用磁控溅射沉积方法。接着对 TSV 进行镀 Cu 填充, 由于是盲孔的保形填充, Cu 会在 TSV 侧壁和底部同时沉积并逐步填满整个硅孔。

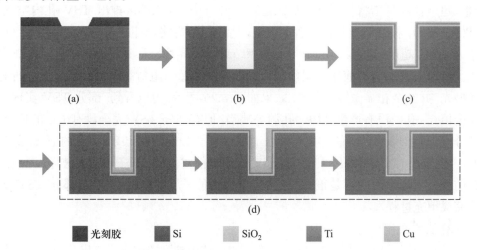

彩图

■ 光刻胶　■ Si　■ SiO$_2$　■ Ti　■ Cu

图 5.23 TSV 镀 Cu 填充流程示意图: (a) 制作掩模; (b) TSV 刻蚀; (c) 绝缘层、阻挡层、种子层沉积; (d) TSV 超保形沉积

[①] 1 ppm = 10^{-6}, 后同。

1. 预湿工艺

预湿工艺对于 TSV 的无孔洞镀 Cu 填充非常重要, 合适的预湿工艺能够有效去除 TSV 内部滞留的空气。随 TSV 孔径的不断变小, 深宽比的不断增加, 对预湿工艺的要求也越来越高。下面将对比研究 3 种不同预湿工艺对填充质量的影响。

1) 浸润预湿

浸润预湿是指将待镀样片浸入电镀液中来回晃动, 使得镀液进入孔内, 排除孔内空气。预湿之后, 利用直流电源对孔径 30 μm 的 TSV 样片进行电镀处理。实验中开启磁力搅拌器 (转速为 300 r/min) 对镀液进行搅拌, 以提高镀液的流动性。正式电镀前, 需要先用很小的电流密度 (0.01 ASD 对样片进行预电镀, 时间为 5 min, 预电镀的目的是充分活化电镀液, 促使添加剂均匀分布, 同时使盲孔底部的种子层稍微加厚, 以提高种子层的连续性。预电镀后, 将电流密度调整为 0.1 ASD, 继续进行电镀, 直到 TSV 完全填充。电镀结束后, 使用去离子水对样片进行清洗, 并用氮气枪吹干。为了观察电镀效果, 使用超薄切片机 (MicroAce66, Loadpoint 公司) 在接近硅孔中心位置对 TSV 进行切片, 使用有机树脂对划片后的样片进行镶样, 并在研磨机 (Metaserv 250/Vector, BUEHLER 公司) 上分别对断面和表面进行研磨, 研磨过程中用金相显微镜观察, 待断面研磨至接近 TSV 中心位置, 表面研磨至完全去除硅片的过镀 Cu 层并继续向下研磨约 10 μm 后, 分别对断面和表面进行抛光。图 5.24 为浸润预湿后 TSV 样片的电镀效果, 可以看到, TSV 开口处已经完全闭合, 但孔内的较大孔洞没有被填充满, 说明浸润预湿不能在电镀前完全排出孔内空气, 从而导致电镀缺陷。

2) 超声预湿

超声预湿是指将待镀样片放入超声清洗机中, 利用超声排出 TSV 孔内空气。具体方法为, 将待镀样片浸入含电镀液的烧杯中, 再将烧杯放入超声波清洗机 (功率为 40%, 超声时间为 1 min) 中, 超声结束后将样片转移到电镀槽中进行电镀实验。电镀实验参数与前述浸润预湿的电镀参数一致。电镀结束后对样片进行研磨和抛光, 并在金相显微镜下观察, 效果如图 5.25 所示, 可以看到, 部分 TSV 实现了完全填充, 孔内没有产生孔隙、孔洞等缺陷, 但有部分 TSV 完全没有 Cu 的填充。部分 TSV 实现无缺陷完全填充说明, 超声预湿可以有效排出 TSV 孔内空气; 部分 TSV 完全没有 Cu 的填充则说明, 超声润湿可能对 TSV 种子层产生破坏, 尤其是在前期种子层黏附性不是很好的情况下, 会使种子层发生脱落, 导致部分 TSV 无法完成填充过程。

3) 真空预湿

真空预湿是指将待镀样片浸入电镀液中, 利用抽真空的方式排出孔内空气。具体方法为, 将待镀样片浸入含电镀液的烧杯中, 再将烧杯放入真空干燥箱中进行抽真空处理 (真空度为 1.33×10^{-4} MPa), 接着将样片小心地转移到电镀槽中进行电镀实验。电镀实验参数与前述浸润预湿和超声预湿的电镀参数一致。电镀结束后

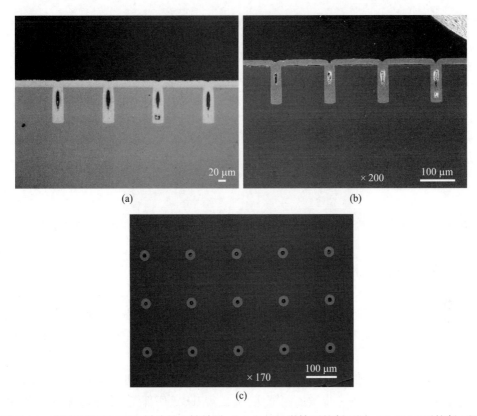

图 5.24 浸润预湿后 TSV 样片的电镀效果: (a) 金相显微镜下的断面图; (b) SEM 下的断面图; (c) SEM 下的表面图

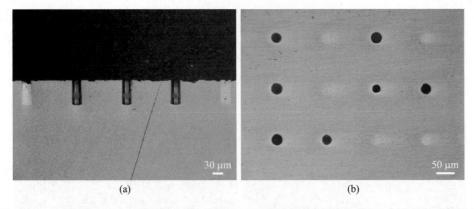

图 5.25 超声预湿后 TSV 样片的电镀效果: (a) 金相显微镜下的断面图; (b) 金相显微镜下的表面图

对样片进行研磨和抛光, 并利用金相显微镜和 SEM 进行观察, 如图 5.26 所示, 可以看到, TSV 成功实现了无缺陷完全填充, 没有出现孔洞等缺陷, 也没有出现某些 TSV 完全电镀不上的现象, 说明真空预湿可以有效地排出 TSV 孔内空气, 同时不会对种子层造成任何破坏。

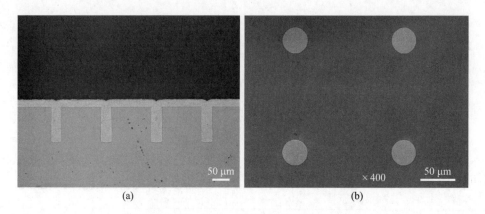

(a)　　　　　　　　　　　　(b)

图 5.26　真空预湿后 TSV 样片的电镀效果: (a) 金相显微镜下的断面图; (b) SEM 下的表面图

2. 种子层的覆盖能力

种子层在 TSV 侧壁和底部良好的覆盖能力是实现 TSV 镀 Cu 填充的关键。在前面的超声预湿实验中, 种子层被超声破坏并从 TSV 侧壁和底部脱落, 导致金属 Cu 完全无法在孔内填充。下面将讨论种子层仅在 TSV 底部无覆盖时的镀 Cu 填充效果。

使用传统磁控溅射方法在 TSV 中沉积金属层时, 能达到的保形覆盖深宽比一般受限于 4:1 左右。进一步增加深宽比, 会出现 TSV 底部无法沉积金属层的现象。为了研究种子层在 TSV 底部无覆盖时的镀 Cu 填充效果, 我们使用磁控溅射在深宽比大于 4:1 的 TSV 孔内沉积种子层 (TSV 孔径为 25 μm, 刻蚀深度为 140 μm, 深宽比为 5.6:1)。接着使用真空预湿的方法排出孔内空气, 并进行电镀实验。电镀参数与前面实验中的相同 (以 0.01 ASD 的电流密度对样片预电镀 5 min, 然后增加电流密度至 0.1 ASD 从而完成整个电镀过程), 全程使用磁力搅拌器提高镀液流动性。电镀结束后使用金相显微镜对 TSV 断面进行观察, 如图 5.27 所示。实验结

(a)　　　　　　　　　　　　(b)

图 5.27　TSV 底部无种子层覆盖的电镀效果: (a) 金相显微镜下的断面图; (b) 金相显微镜下的断面放大图

果表明, TSV 底部的无种子层覆盖区域无法实现金属 Cu 的有效沉积, 而 TSV 上部的有种子层覆盖区域则可以实现完全填充, 填充的深宽比接近 4:1。这一结果一方面验证了种子层的保形覆盖对 TSV 镀 Cu 填充的重要性, 另一方面提示我们, 当需要填充的 TSV 深宽比较大时 (大于 4:1), 阻挡层和种子层应采用能实现更高深宽比的化学气相沉积 (CVD) 方法。

3. 镀液流动性

镀液良好的流动性有利于 Cu 离子和添加剂的有效质量传输, 防止添加剂在局部区域出现含量急剧变化, 确保金属 Cu 的沉积速率在 TSV 底部高于开口处, 减少电镀缺陷的产生。这里我们使用磁力搅拌器对镀液进行循环搅拌, 并对比有无镀液循环对电镀效果的影响。电镀前采用真空预湿提高镀液的浸润性, 电镀过程中仍采用预电镀 (0.01 ASD 的电流密度) 和正式电镀 (0.1 ASD 的电流密度) 相结合的方式。使用 SEM 对电镀结果进行观察, 如图 5.28 所示, 可以看到, 不引入磁力搅拌器对镀液进行循环搅拌时, 电镀填充的均匀性非常差, 有些 TSV 实现了完全填充, 而有些 TSV 只实现了部分填充, 孔内存在明显电镀缺陷。加入搅拌之后, 电镀均匀

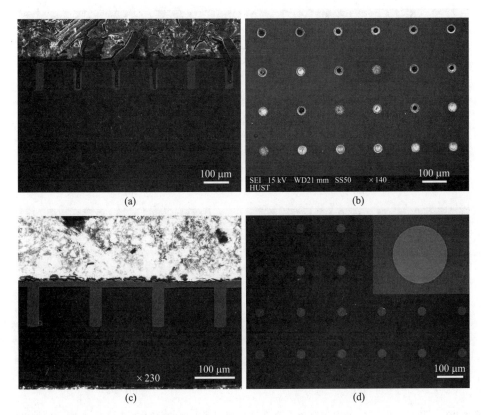

图 5.28　镀液流动性对电镀质量的影响: (a) 无镀液循环时的 TSV 断面形貌; (b) 无镀液循环时的 TSV 表面形貌; (c) 有镀液循环时的 TSV 断面形貌; (d) 有镀液循环时的 TSV 表面形貌, 插图为单个 TSV 表面的放大图

性得到很大改善, 没有观察到明显的电镀缺陷。这一结果证实, 良好的镀液流动性对于 TSV 填充十分重要。

4. 电流密度

合适的电流密度对于电镀填充质量以及电镀成本的控制至关重要。一般情况下, 高的电流密度可以加速电镀过程, 提高电镀速率, 节约电镀成本, 但是过高的电流密度容易导致电镀缺陷的产生。本节将研究电流密度对电镀质量的影响, 并提出小电流密度和大电流密度结合的分步电镀工艺方案。

图 5.29 为采用 0.1 ASD 的电流密度对盲孔进行超保形电镀的分时效果。实验采用真空预湿工艺提高镀液浸润性, 并全程开启磁力搅拌器以增加镀液的流动性。图 5.29a 是电镀 4 h 的 TSV 断面形貌, 由于是盲孔的超保形电镀, Cu 在 TSV 侧壁和底部均得到了沉积, 同时硅片表面由于有种子层也有 Cu 的沉积; 继续增加电镀时间至 8 h, Cu 在 TSV 表面、侧壁和底部的沉积厚度均得到增加, 由于添加剂的作用, Cu 在硅孔底部的沉积速率会高于其在侧壁和表面的沉积速率 (图 5.29b); 进一步增加电镀时间至 12 h, Cu 的沉积规律与电镀 8 h 时的一致, 即 Cu 在硅孔底部

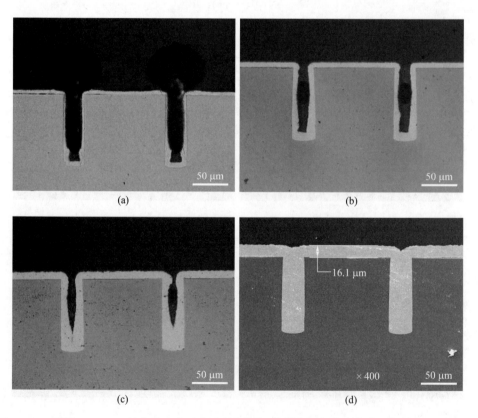

图 5.29　采用 0.1 ASD 的电流密度对盲孔进行超保形电镀的分时效果: (a) 电镀 4 h 的 TSV 断面形貌; (b) 电镀 8 h 的 TSV 断面形貌; (c) 电镀 12 h 的 TSV 断面形貌; (d) 电镀 16 h 的 TSV 断面形貌

的沉积速率仍高于其他部位, 有效防止了 Cu 在 TSV 开口处提前封口 (图 5.29c); 电镀 16 h 时实现了 Cu 的完全填充, 没有孔隙、孔洞等缺陷 (图 5.29d), 此时, 硅片表面过镀层厚度为 16.1 μm。

尽管采用 0.1 ASD 的电流密度可以实现盲孔无缺陷超保形电镀, 但电镀时间较长, 且表面过镀层厚度较厚。为了减少电镀时间, 我们将电流密度增加至 0.2 ASD, 电镀时间由原来的 16 h 缩短至 8 h, 其他实验条件和参数与上述相同。图 5.30 为采用 0.2 ASD 的电流密度对音孔电镀 8 h 后的效果。增加电流密度后, 只需原来电镀时间的一半便可实现 TSV 的完全填充, 没有出现 TSV 提前封口现象, 孔内也没有孔隙等缺陷。但是, TSV 开口处形成了尺度非常大的突起结构, 我们称之为麻点。从图 5.30a 所示断面形貌可以看出, 有些麻点直接连在一起并分布于硅片表面, 严重影响了电镀质量。从图 5.30b 所示表面形貌可以看到, 麻点尺寸相对于 TSV 孔径要大很多, 图中麻点较为模糊是因为金相显微镜在高放大倍率下景深有限, 无法同时对焦硅片表面和麻点表面。

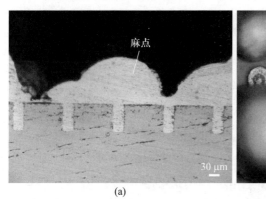 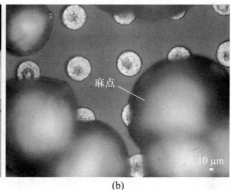

(a)   (b)

图 5.30 采用 0.2 ASD 的电流密度对盲孔电镀 8 h 后的效果: (a) TSV 完全填充的断面形貌; (b) TSV 完全填充的表面形貌

由前面的实验结果可以看出, 增加电流密度可以加速电镀过程, 减少电镀时间, 但硅片表面易产生麻点缺陷, 导致 TSV 电镀填充失败。为了减少电镀时间及硅片表面过镀层的厚度, 同时避免表面麻点的形成, 我们采用 0.1 ASD 和 0.2 ASD 的电流密度相结合的分步电镀方式进行 TSV 镀 Cu 填充, 即预电镀后首先采用 0.1 ASD 的电流密度电镀 8 h, 再采用 0.2 ASD 的电流密度电镀 4 h, 电镀完成后的形貌如图 5.31 所示, 其中插图为单个 TSV 的断面形貌。采用小电流密度与大电流密度结合的分步电镀法取得了预期效果: 首先, TSV 被完全填充, 内部没有明显缺陷, 硅片表面也没有产生麻点缺陷; 其次, 电镀时间得到了一定程度的缩短, 有利于电镀成本的控制; 最后, 硅片表面过镀层厚度也从小电流密度时的 16.1 μm 减少到 10.9 μm, 这有利于减轻后期硅片表面减薄的工作量。

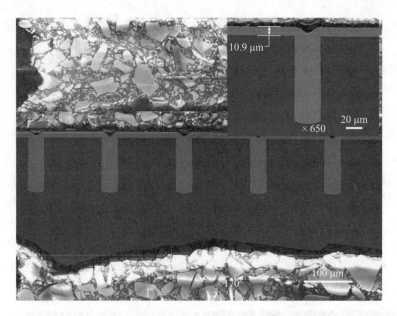

图 5.31 小电流密度与大电流密度相结合的分步电镀效果

5.3.3 TSV 与 Cu 凸点的片间键合

TSV 镀 Cu 填充、高密度微凸点制备以及片间互连是三维集成的核心环节。其中, 若要实现 TSV 和微凸点集成的片间互连, 我们首先需要制备 TSV 和微凸点的复合结构, 其传统制备工艺流程如图 5.32 所示, 主要包括: ① 对 TSV 进行刻蚀; ② 对 TSV 侧壁和底部进行绝缘层、阻挡层、种子层的保形沉积; ③ 对 TSV 进行镀 Cu 填充; ④ 利用减薄工艺将 TSV 表面过镀层去除; ⑤ 以光刻胶为掩模在 TSV 表面进行套刻; ⑥ 通过电镀工艺进行焊盘的 Cu 填充, 完成 Cu 微凸点制备; ⑦ 通过电镀工艺进行焊盘的 Sn 填充, 完成 Cu–Sn 微凸点制备 (可选); ⑧ 去除光刻胶, 得到 TSV 和微凸点的复合结构。

为简化上述工艺流程, 我们利用一步电镀法制备 TSV 和微凸点的复合结构, 具体工艺流程如图 5.33 所示, 主要包括: ① 对 TSV 进行刻蚀; ② 对 TSV 侧壁和底部进行绝缘层、阻挡层、种子层的保形沉积; ③ 以光刻胶为掩模在未填充的 TSV 表面进行套刻; ④ 通过电镀工艺同时对 TSV 和焊盘进行镀 Cu 填充, 完成 TSV 和 Cu 微凸点复合结构的制备; ⑤ 通过电镀工艺进行焊盘的 Sn 填充 (可选); ⑥ 去除光刻胶, 得到 TSV 和微凸点复合结构。这种新型工艺利用一步电镀法即可同时实现 TSV 镀 Cu 填充和微凸点制备, 很大程度上简化了传统的工艺流程, 并且无需引入表面减薄工艺, 有效地降低了制备成本。

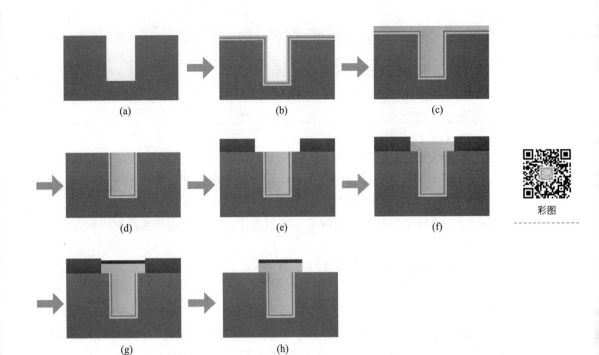

图 5.32 传统 TSV 填充和微凸点制备的工艺流程: (a) TSV 刻蚀; (b) 阻缘层、阻挡层、种子层沉积; (c) TSV 填充; (d) 表面减薄; (e) 套刻; (f) 焊盘镀铜; (g) 焊盘镀锡; (h) 去除光刻胶

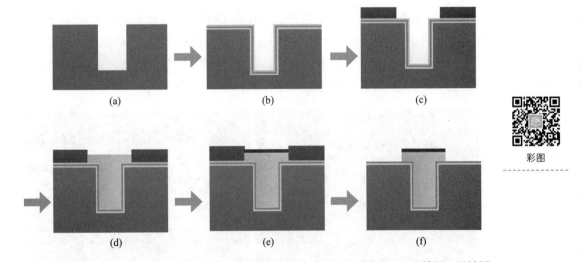

图 5.33 新型 TSV 填充和微凸点制备的一体化工艺流程: (a) TSV 刻蚀; (b) 绝缘层、阻挡层、种子层沉积; (c) 套刻; (d) TSV 填充及焊盘镀铜; (e) 焊盘镀锡; (f) 去除光刻胶

下面通过实验来验证这种新型工艺的可行性和填充效果。具体工艺为:

(1) TSV 刻蚀。

利用 DRIE 工艺对孔径 30 μm 的 TSV 阵列进行刻蚀, 刻蚀深度约 86 μm, 采用 5.3.1.2 节中的刻蚀优化工艺参数, 如表 5.5 所示。

表 5.5　TSV 刻蚀工艺参数

工艺步骤	气体	单步时间/s	SF_6/C_4F_8 流量/sccm	线圈功率/W	射频功率/W
刻蚀	SF_6	8	100/5	750	25
钝化	C_4F_8	5	5/100	750	10

(2) 绝缘层、阻挡层、种子层沉积。

在 TSV 侧壁和底部依次沉积绝缘层、阻挡层、种子层。绝缘层材料为 SiO_2, 厚度为 500 nm, 使用 PECVD 方法; 阻挡层材料为 Ti, 厚度为 50 nm, 使用磁控溅射沉积方法; 种子层的材料选用 Cu, 厚度为 200 nm, 使用磁控溅射沉积方法。

(3) 套刻。

种子层沉积之后, 利用套刻工艺在 TSV 开口处制备焊盘掩模, 焊盘的设计直径为 60 μm, 焊盘中心与 TSV 中心重合。套刻前首先在有 TSV 图形的基片上旋涂正性光刻胶 (PR1‑12000A), 接着进行曝光处理。由于焊盘掩模图形的中心需要与 TSV 中心重合, 曝光前我们借助掩模图形上的对准标记进行图形的对准。对准后, 选择曝光时间为 180 s, 接触方式为硬接触, 对光刻胶进行曝光处理。为了保证曝光区域的光刻胶被完全去除, 防止残留的光刻胶对后续电镀产生不良影响, 利用去胶机 (DQ‑500) 去除 TSV 孔内及焊盘底部可能残留的光刻胶, 去胶功率为 300 W, 时间为 5 min。

图 5.34 为套刻后使用金相显微镜观察的 TSV 及焊盘阵列表面形貌。由图 5.34a 可以看到, 内圈黑色的圆孔为刻蚀后的 TSV, 外圈圆孔为焊盘, 焊盘中心与 TSV 中心几乎重合, 说明套刻对准效果较好。如果套刻时没有完全对准, 显影后焊盘与 TSV 中心不重合, 则会出现一定的对准偏差, 影响后序工艺, 如图 5.34b 所示。

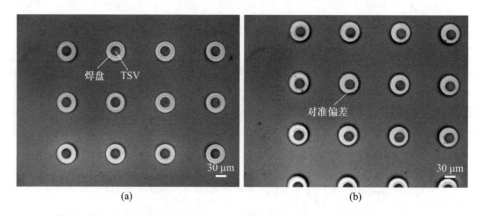

图 5.34　套刻后使用金相显微镜观察的 TSV 及焊盘阵列表面形貌: (a) 焊盘与 TSV 中心成功对准; (b) 焊盘与 TSV 中心存在一定对准偏差

(4) TSV 和微凸点复合结构制备。

采用一步电镀工艺进行 TSV 和微凸点复合结构的制备, 其电镀工艺参数与

TSV 电镀工艺参数一致: 采用真空预湿工艺排出 TSV 孔内空气, 然后进行电镀实验, 电镀过程使用直流电源, 全程使用磁力搅拌器以提高镀液的流动性。使用上海新阳半导体材料有限公司的 TSV 专用电镀液 UPT3360, 并采用 0.01 ASD 的电流密度对样片进行预电镀 5 min, 然后增加电流密度至 0.1 ASD 电镀 8 h, 随后继续增加电流密度至 0.2 ASD 电镀 4 h, 从而完成整个电镀工艺。电镀结束后用切片机对样片进行切片, 得到 TSV 和 Cu 微凸点复合结构的表面和断面形貌, 如图 5.35 所示, 可以看到, TSV 实现了完全填充, 内部没有孔洞、孔隙等缺陷, 微凸点也成功实现了镀 Cu 填充, 且 TSV 中心与微凸点中心对准良好。整个电镀工艺所用时间与单步 TSV 填充时间一致, 因此可以有效简化工艺流程, 降低成本。

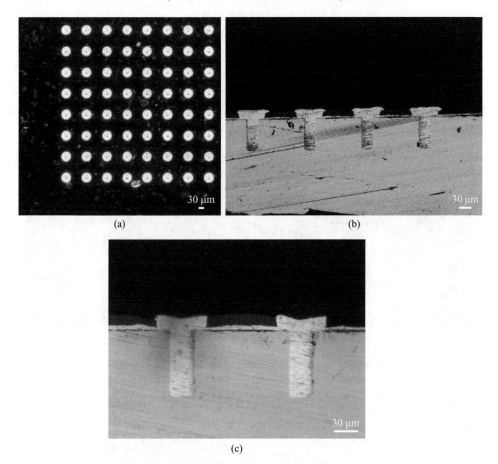

图 5.35 TSV 和微凸点复合结构的制备效果: (a) 复合结构断面形貌; (b) 复合结构断面放大图; (c) 图 (b) 的放大图

如果套刻时 TSV 与微凸点掩模中心没有完全对准 (见图 5.34b), 填充后的 TSV 和微凸点也会存在一定的对准偏差, 如图 5.36 所示。因此, 在电镀之前应尽量提高套刻精度, 避免 TSV 与微凸点复合结构出现对准偏差, 从而影响后续的工序。

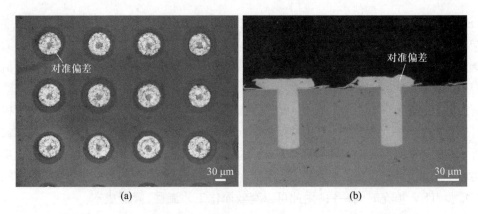

(a)　　　　　　　　　　　　　　　(b)

图 5.36　TSV 和 Cu 微凸点复合结构存在对准偏差的效果: (a) 复合结构表面形貌; (b) 复合结构断面形貌

　　图 5.37a 和 b 分别为在 Cu 微凸点上继续电镀 Sn 层的断面形貌及表面形貌。电镀 Sn 后, 我们成功得到了 TSV 和 Cu–Sn 微凸点复合结构, TSV 内部得到无缺陷的完全填充, Cu/Sn 微凸点与 TSV 也实现了较好的对准。这一结构可以直接用于后序 TSV 与微凸点集成的片间互连。

彩图

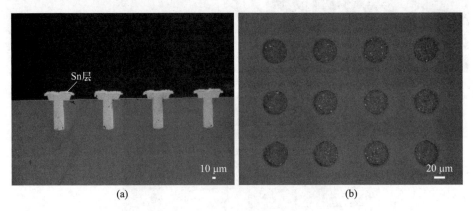

(a)　　　　　　　　　　　　　　　(b)

图 5.37　TSV 和 Cu/Sn 微凸点的复合结构: (a) 断面形貌; (b) 表面形貌

　　得到 TSV 和微凸点复合结构后, 我们将 Cu 纳米棒引入 TSV 和微凸点片间互连, 以降低互连温度, 具体工艺流程如下:

　　(1) 将样片分为两组: 一组为 TSV 和 Cu–Sn 微凸点复合结构的样片, 另一组为 TSV 和 Cu 微凸点复合结构的样片。利用倾斜溅射法在 TSV 和 Cu 微凸点复合结构表面沉积 Cu 纳米棒阵列, 得到 TSV 和 Cu–Cu 纳米棒微凸点复合结构, 溅射过程中, 基片相对靶材倾斜 85°, 射频功率为 300 W, 溅射时间为 30 min。

　　(2) 利用热压方式将上下两个分别带有 Cu–Sn 微凸点阵列和 Cu–Cu 纳米棒微凸点阵列的样片放入键合机 (FC150, Suss Microtech 公司) 中进行键合, 键合全程通入氮气作为保护气体, 键合温度为 250 ℃, 时间为 20 min, 随后将样片放入退火炉中进行退火处理, 退火温度为 250 ℃, 时间为 30 min。

(3) 使用有机树脂对键合样片进行镶样后, 对样片的断面结构进行研磨和抛光, 暴露出 TSV 和微凸点互连结构, 以方便后期观察和分析。

图 5.38 为金相显微镜下的 TSV 和微凸点复合结构的样片键合结果。图 5.38a 为键合位置的断面形貌, 通过一步电镀法得到的 TSV 和 Cu 微凸点均实现了无缺陷的 Cu 填充, 键合过程中引入 Cu 纳米棒以提高原子表面活性, 加速原子扩散, 从而实现上下两个样片的有效连接, 初步实现了 TSV 与微凸点结构的片间互连。图 5.38b 为图 5.38a 的放大图, 可以看到更加清晰的键合界面: 左侧的微凸点键合界面没有观察到明显孔洞或分层等键合缺陷, 金相显微镜下的 IMC 只有一种颜色, 说明此处 IMC 为单一成分。对该 IMC 进行能谱分析, 如图 5.38c 所示, Cu 和 Sn 的原子比约为 3, 说明键合并退火后 Cu 和 Sn 原子充分反应, 生成了单一的 Cu_3Sn。图 5.38b 右侧的键合界面大部分区域实现了紧密连接, 将键合中间区域进行放大, 如图 5.38b 的插图所示, 可以看到, 放大区域存在一个尺寸很小的孔洞缺陷, 且 IMC 的颜色有两种, 说明这里的 IMC 成分为 $Cu_3Sn - Cu_6Sn_5 - Cu_3Sn$。两组微凸点存在键合结果差异性的原因可能是: 样片制备过程中微凸点的高度及表面状况不完全一致。此外, 我们发现, 上下两个样片键合后存在一定的对准偏差, 键

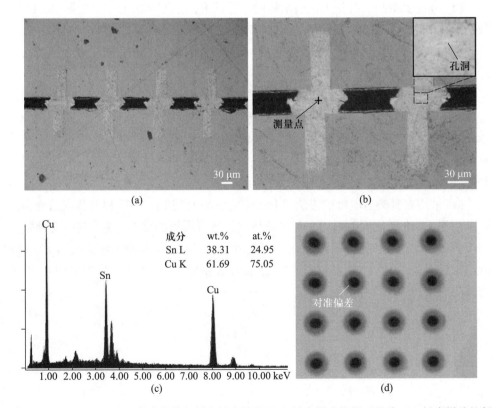

彩图

成分	wt.%	at.%
Sn L	38.31	24.95
Cu K	61.69	75.05

图 5.38 TSV 和微凸点复合结构的样片键合结果: (a) 键合样片的断面形貌; (b) 键合样片的断面放大图, 其中插图为右侧微凸点键合界面中间区域的放大图; (c) 键合界面 IMC 的能谱分析结果; (d) 键合样片的 X 射线扫描结果

合过程中对准精度主要与设备精度和设备操作人员技术水平有关。图 5.38d 为键合样片的直射式 X 射线扫描图像, 上下两个样片存在一定的对准偏差, 这一结果与 SEM 下的结果相符。由于设备分辨率的限制, 无法从 X 射线图像中观测到键合界面的小的孔洞缺陷。

5.4　小结

　　本章将键合表面 Cu 纳米棒修饰的方法引入 Cu–Sn 及 Cu–Cu 微凸点间键合工艺, 并完成键合实验与表征。此外, 本章还针对 TSV 制备工艺进行了研究, 成功实现了 TSV 无缺陷高效镀 Cu 填充, 并采用一步电镀法进行 TSV 和微凸点复合结构的制备, 初步实现了基于 TSV 和微凸点结构的两层样片的互连。具体内容包括:

　　(1) 实现铜纳米棒的 Cu–Sn 微凸点键合。在直径 50 μm 的铜微凸点表面沉积 Cu 纳米棒阵列, 将 Cu 纳米棒引入 Cu–Sn 微凸点键合, 利用 Cu 纳米棒的高表面活性和低熔点特性提高原子的扩散程度, 降低键合温度, 成功地在 250 ℃ 键合温度下实现了微凸点的有效连接。

　　(2) 进行了微凸点沉积 Cu 纳米棒的工艺研究, 在直径 70 μm、规模 11×11 的微凸点阵列表面成功地生长了 Cu 纳米棒。之后将 Cu 纳米棒微凸点样片进行键合, 在 300 ℃ 获得了良好的键合界面, 键合过程仅耗时 20 min, 初步实现了两层样片的低温 Cu–Cu 键合。

　　(3) 利用 DRIE 工艺进行 TSV 刻蚀, 重点研究了刻蚀过程中对 TSV 侧壁粗糙度的控制, 通过工艺优化成功消除了侧壁大尺度微草结构。研究了 TSV 镀 Cu 填充的关键因素, 包括预湿工艺、种子层覆盖能力、镀液流动性以及电流密度对填充效果的影响, 并通过实验对其中部分关键工艺因素进行了深入研究, 成功实现了 TSV 无缺陷高效镀 Cu 填充。

　　(4) 采用先套刻后电镀的方法, 以光刻胶为掩模得到了 TSV 和微凸点的掩模图形, 利用一步电镀法同时对 TSV 和微凸点进行金属铜的填充, 成功获得无缺陷的 TSV 和微凸点复合结构, 有效简化了工艺流程。将基于 Cu 纳米棒的低温 Cu–Sn 微凸点键合方法与 TSV 和微凸点复合结构制备新工艺相结合, 初步实现了 TSV 与微凸点结构两层样片的互连。

参 考 文 献

窦维平, 2012. 利用电镀铜填充微米盲孔与通孔之应用 [J]. 复旦学报 (自然科学版), 51(2): 131-138.

国家自然科学基金委员会工程与材料科学部, 2010. 机械工程学科发展战略报告 (2011—2020)[M]. 北京: 科学出版社.

黄庆红, 2014. 国际半导体技术发展路线图 (ITRS) 2013 版综述 (1)[J]. 中国集成电路, 23(9): 25-45.

季春花, 凌惠琴, 曹海勇, 等, 2012. 硅通孔 Cu 互连甲基磺酸 Cu 电镀液中氯离子的作用 [J]. 电镀与涂饰, 31(2): 6-9.

金玉丰, 王志平, 陈兢, 2006. 微系统封装技术概论 [M]. 北京: 科学出版社.

刘子玉, 蔡坚, 王谦, 等, 2014. 硅晶圆上窄节距互连 Cu 凸点 [J]. 清华大学学报 (自然科学版), 54(1): 78-83.

明小满, 2017. 中国集成电路的发展现状与发展建议 [J]. 通讯世界, (4): 273-274.

沈星, 2013. 基于 3D-TSV 叠层封装的 Sn 单晶粒微凸点研究 [D]. 武汉: 华中科技大学.

魏红军, 师开鹏, 2014. 基于多种添加剂的 TSV 镀 Cu 工艺研究 [J]. 电子工艺技术, 35(4): 239-241.

庄贞静, 2005. 一维纳米氢氧化铜的制备及其初步应用 [D]. 成都: 四川大学.

Agarwal R, Zhang W, Limaye P, et al, 2009. High density Cu–Sn TLP bonding for 3D integration[C]//59th Electronic Components and Technology Conference: 345-349.

Ahamed M, Alhadlaq H A, Khan M A M, et al, 2014. Synthesis, characterization, and antimicrobial activity of copper oxide nanoparticles[J]. Journal of Nanomaterials, 2014: 1-4.

Alcoutlabi M, Mckenna G B, 2005. Effects of confinement on material behaviour at the nanometre size scale[J]. Journal of Physics: Condensed Matter, 17(15): R461-R524.

Ayón A A, 1999. Characterization of a time multiplexed inductively coupled plasma etcher[J]. Journal of the Electrochemical Society, 146(1): 339.

Azimi H, Kuhri S, Osvet A, et al, 2014. Effective ligand passivation of Cu_2O nanoparticles through solid-state treatment with mercaptopropionic acid[J]. Journal of the American Chemical Society, 136(20): 7233-7236.

Bashir O, Hussain S, Al-Thabaiti S A, et al, 2015. Synthesis, optical properties, stability, and encapsulation of Cu–nanoparticles[J]. Spectrochimica Acta Part A: Molecular and Biomolecular Spectroscopy, 140: 265-273.

Bissett M A, Worrall S D, Kinloch I A, et al, 2016. Comparison of two-dimensional transition metal dichalcogenides for electrochemical supercapacitors[J]. Electrochimica Acta, 201: 30-37.

Blosi M, Albonetti S, Dondi M, et al, 2011. Microwave-assisted polyol synthesis of Cu nanoparticles[J]. Journal of Nanoparticle Research, 13(1): 127-138.

Brincker M, Söhl S, Eisele R, et al, 2017. Strength and reliability of low temperature transient liquid phase bonded CuSnCu interconnects[J]. Microelectronics Reliability, 76-77: 378-382.

Buffat P, Borel J, 1976. Size effect on the melting temperature of gold particles[J]. Physical Review A, 13(6): 2287-2298.

Campbell C T, Parker S C, Starr D E, 2002. The effect of size-dependent nanoparticle energetics on catalyst sintering[J]. Science, 298(5594): 811-814.

Chang C, Wang Y, Kanamori Y, et al, 2005. Etching submicrometer trenches by using the Bosch process and its application to the fabrication of antireflection structures[J]. Journal of Micromechanics and Microengineering, 15(3): 580-585.

Chaudhary A, Barshilia H C, 2011. Nanometric multiscale rough $Cuo/Cu(OH)_2$ superhydrophobic surfaces prepared by a facile one-step solution-immersion process: Transition to superhydrophilicity with oxygen plasma treatment[J]. The Journal of Physical Chemistry C, 115(37): 18213-18220.

Chen K, Chen X, Ding D, et al, 2016. Crystallographic features of iron-rich nanoparticles in cast Cu–10Sn–2Zn–1.5Fe–0.5Co alloy[J]. Materials Characterization, 113: 34-42.

Cheng C, Li J, Shi T, et al, 2017. A novel method of synthesizing antioxidative copper nanoparticles for high performance conductive ink[J]. Journal of Materials Science: Materials in Electronics, 28(18): 13556-13564.

Choi J H, Ryu K, Park K, et al, 2015. Thermal conductivity estimation of inkjet-printed silver nanoparticle ink during continuous wave laser sintering[J]. International Journal of Heat and Mass Transfer, 85: 904-909.

Cook G O, Sorensen C D, 2011, overview of transient liquid phase and partial transient liquid phase bonding[J]. Journal of Materials Science, 46(16): 5305-5323.

Crooks R M, Zhao M, Sun L, et al, 2001. Dendrimer-encapsulated metal nanoparticles: Synthesis, characterization, and applications to catalysis[J]. Accounts of Chemical Research, 34(3): 181-190.

Dang T M D, Le T T T, Fribourg-Blanc E, et al, 2011. Synthesis and optical properties of copper nanoparticles prepared by a chemical reduction method[J]. Advances in Natural Sciences: Nanoscience and Nanotechnology, 2(1): 15009.

Ding L, Davidchack R L, Pan J, 2009. A molecular dynamics study of sintering between nanoparticles[J]. Computational Materials Science, 45(2): 247-256.

Dixit P, Miao J, 2006. Aspect-ratio-dependent copper electrodeposition technique for very high aspect-ratio through-hole plating[J]. Journal of the Electrochemical Society, 153(6): G552.

Djurfors B, Ivey D G, 2001. Pulsed electrodeposition of the eutectic Au/Sn solder for optoelectronic packaging[J]. Journal of Electronic Materials, 30(9): 1249-1254.

Dong Q, Wang M, Shen L, et al, 2015. Diffraction analysis of α-Fe precipitates in a polycrystalline Cu–Fe alloy[J]. Materials Characterization, 105: 129-135.

Du L, Shi T, Su L, et al, 2017. Hydrogen thermal reductive Cu nanowires in low temperature Cu–Cu bonding[J]. Journal of Micromechanics and Microengineering, 27(7): 75019.

Finne R M, Klein D L, 1967. A water-amine-complexing agent system for etching silicon[J]. Journal of the Electrochemical Society, 114(9): 965.

Garrou P, 2000. Wafer level chip scale packaging (WL-CSP): An overview[J]. IEEE Transactions on Advanced Packaging, 23(2): 198-205.

Ghosh T, Dutta A, Lingareddy E, et al, 2012. Room temperature desorption of self assembly monolayer(SAM) passivated Cu for lowering the process temperature Cu–Cu bonding of 3-D ICs[C]//2012 International Conference on Emerging Electronics: 1-4.

Greer J R, Street R A, 2007. Thermal cure effects on electrical performance of nanoparticle silver inks[J]. Acta Materialia, 55(18): 6345-6349.

Gueguen P, Di Cioccio L, Gergaud P, et al, 2009. Copper direct-bonding characterization and its interests for 3D integration[J]. Journal of the Electrochemical Society, 156(10): H772.

Guo W, Zeng Z, Zhang X, et al, 2015. Low-temperature sintering bonding using silver nanoparticle paste for electronics packaging[J]. Journal of Nanomaterials, 2015: 1-7.

Han J, Lohn A, Kobayashi N P, et al, 2011. Evolutional transformation of copper oxide nanowires to copper nanowires by a reduction technique[J]. Materials Express, 1(2): 176-180.

Hansen P L, Wagner J B, Helveg S, et al, 2002. Atom-resolved imaging of dynamic shape changes in supported copper nanocrystals[J]. Science, 295(5562): 2053-2055.

Hawkeye M M, Brett M J, 2007. Glancing angle deposition: Fabrication, properties, and applications of micro- and nanostructured thin films[J]. Journal of Vacuum Science & Technology A: Vacuum, Surfaces, and Films, 25(5): 1317.

He R, Fujino M, Yamauchi A, et al, 2016. Combined surface-activated bonding technique for low-temperature hydrophilic direct wafer bonding[J]. Japanese Journal of Applied Physics, 55(4S): 4.

Hokita Y, Kanzaki M, Sugiyama T, et al, 2015. High-concentration synthesis of sub-10-nm copper nanoparticles for application to conductive nanoinks[J]. ACS Applied Materials & Interfaces, 7(34): 19382-19389.

Huang H H, Yan F Q, Kek Y M, et al, 1997. Synthesis, characterization, and nonlinear optical properties of copper nanoparticles[J]. Langmuir, 13(2): 172-175.

Huang Z, Zhang J, Cheng J, et al, 2012. Preparation and characterization of gradient wettability surface depending on controlling $Cu(OH)_2$ nanoribbon arrays growth on copper substrate[J]. Applied Surface Science, 259: 142-146.

Jo Y, Oh S, Lee S S, et al, 2014. Extremely flexible, printable Ag conductive features on PET and paper substrates via continuous millisecond photonic sintering in a large area[J]. Journal of Materials Chemistry C, 2(45): 9746-9753.

Ju Y, Tasaka T, Yamauchi H, et al, 2015. Synthesis of sn nanoparticles and their size effect on the melting point[J]. Microsystem Technologies, 21(9): 1849-1854.

Karabacak T, 2011. Thin-film growth dynamics with shadowing and re-emission effects[J]. Journal of Nanophotonics, 5(1): 52501.

Karabacak T, Guclu H, Yuksel M. 2009. Network behavior in thin film growth dynamics[J]. Physical Review B, 79(19): 195418.

Karabacak T, Deluca J S, Wang P, et al, 2006. Low temperature melting of copper nanorod arrays[J]. Journal of Applied Physics, 99(6): 64304.

Khairi Faiz M, Bansho K, Suga T, et al, 2017. Low temperature Cu–Cu bonding by transient liquid phase sintering of mixed cu nanoparticles and Sn–Bi eutectic powders[J]. Journal of Materials Science: Materials in Electronics, 28(21): 16433-16443.

Kim B, Sharbono C, Ritzdorf T, et al, 2006. Factors affecting copper filling process within high aspect ratio deep vias for 3D chip stacking[C]//56th Electronic Components and Technology Conference: 6.

Kim J, Jeong M, Park Y, 2012. Effect of HF & H_2SO_4 pretreatment on interfacial adhesion energy of Cu–Cu direct bonds[J]. Microelectronic Engineering, 89: 42-45.

Kim S E, Kim S, 2015. Wafer level Cu–Cu direct bonding for 3D integration[J]. Microelectronic Engineering, 137: 158-163.

Ko C, Chen K, 2012. Low temperature bonding technology for 3D integration[J]. Microelectronics Reliability, 52(2): 302-311.

Koester S J, Young A M, Yu R R, et al, 2008. Wafer-level 3D integration technology[J]. IBM Journal of Research and Development, 52(6): 583-597.

Kraemer F, Pauly C, Muecklich F, et al, 2015. Simulation of a flip chip bonding technique using reactive foils[C]//16th International Conference on Thermal, Mechanical and Multi-Physics Simulation and Experiments in Microelectronics and Microsystems: 1-7.

Kuribara K, Wang H, Uchiyama N, et al, 2012. Organic transistors with high thermal stability for medical applications[J]. Nature Communications, 3(1): 1-7.

Kwon S J, Jeong Y M, Jeong S H, 2006. Fabrication of high-aspect-ratio silicon nanostructures using near-field scanning optical lithography and silicon anisotropic wet-etching process[J]. Applied Physics A, 86(1): 11-18.

Lai S L, Johnson D, Westerman R, 2006. Aspect ratio dependent etching lag reduction in deep silicon etch processes[J]. Journal of Vacuum Science & Technology A: Vacuum, Surfaces, and Films, 24(4): 1283-1288.

Lee D B, 1969. Anisotropic etching of silicon[J]. Journal of Applied Physics, 40(11): 4569-4574.

Lee K, Fukushima T, Tanaka T, et al, 2011. 3D integration technology and reliability challenges[C]//2011 IEEE Electrical Design of Advanced Packaging and Systems Symposium (EDAPS): 1-4.

Lee S, Kim K, Pippel E, et al, 2012. Facile route toward mechanically stable superhydrophobic copper using oxidation: Reduction induced morphology changes[J]. The Journal of Physical Chemistry C, 116(4): 2781-2790.

Lee Y, Leu I, Wu M, et al, 2007. Fabrication of Cu/Cu$_2$O composite nanowire arrays on Si via AAO template-mediated electrodeposition[J]. Journal of Alloys and Compounds, 427(1-2): 213-218.

Lewis L J, Jensen P, Barrat J, 1997. Melting, freezing, and coalescence of gold nanoclusters[J]. Physical Review B, 56(4): 2248-2257.

Li J, Yu X, Shi T, et al, 2017. Low-temperature and low-pressure Cu–Cu bonding by highly sinterable Cu nanoparticle paste[J]. Nanoscale Research Letters, 12(1): 255.

Li J, Yu X, Shi T, et al, 2017. Depressing of Cu–Cu bonding temperature by composting Cu nanoparticle paste with Ag nanoparticles[J]. Journal of Alloys and Compounds, 709: 700-707.

Li J J, Cheng C L, Shi T L, et al, 2016. Surface effect induced Cu–Cu bonding by Cu nanosolder paste[J]. Materials Letters, 184: 193-196.

Li W, Lin P, Chen C, et al, 2014. Low-temperature Cu-to-Cu bonding using silver nanoparticles stabilised by saturated dodecanoic acid[J]. Materials Science and Engineering: A, 613: 372-378.

Lill T, Grimbergen M, Mui D, 2001. In situ measurement of aspect ratio dependent etch rates of polysilicon in an inductively coupled fluorine plasma[J]. Journal of Vacuum Science & Technology B: Microelectronics and Nanometer Structures, 19(6): 2123.

Lim D F, Govind Singh S, Ang X F, et al, 2009. Achieving low temperature Cu to Cu diffusion bonding with self assembly monolayer (SAM) passivation[C]// 2009 IEEE International Conference on 3D System Integration: 1-5.

Liu C Y, Chen J T, Chuang Y C, et al, 2007. Electromigration-induced kirkendall voids at the Cu/Cu$_3$Sn interface in flip-chip Cu/Sn/Cu joints[J]. Applied Physics Letters, 90(11): 112114.

Liu H, Salomonsen G, Wang K, et al, 2011. Wafer-level Cu/Sn to Cu/Sn SLID-bonded interconnects with increased strength[J]. IEEE Transactions on Components, Packaging and Manufacturing Technology, 1(9): 1350-1358.

Liu J, Cardamone A L, German R M, 2001. Estimation of capillary pressure in liquid phase sintering[J]. Powder Metallurgy, 44(4): 317-324.

Liu X, He S, Nishikawa H, 2016. Thermally stable Cu$_3$Sn/Cu composite joint for high-temperature power device[J]. Scripta Materialia, 110: 101-104.

Liu Z, Bando Y, 2003. A novel method for preparing copper nanorods and nanowires[J]. Advanced Materials, 15(4): 303-305.

Liu Z, Cai J, Wang Q, et al, 2015. Low temperature Cu–Cu bonding using Ag nanostructure for 3D integration[J]. ECS Solid State Letters, 4(10): P75-P76.

Lu D, Wong C P, 2009. Materials for Advanced Packaging[M]. New York: Springer.

Lueck M R, Reed J D, Gregory C W, et al, 2012. High-density large-area-array interconnects formed by low-temperature Cu/Sn–Cu bonding for three-dimensional integrated circuits[J]. IEEE Transactions on Electron Devices, 59(7): 1941-1947.

Luo L, Tan X, Chen H, et al, 2015. Preparation and characteristics of W–1wt.% TiC alloy via a novel chemical method and spark plasma sintering[J]. Powder Technology, 273: 8-12.

Lykova M, Panchenko I, Kuenzelmann U, et al, 2018. Characterisation of Cu/Cu bonding using self-assembled monolayer[J]. Soldering & Surface Mount Technology, 30(2): 106-111.

Ma X, Wang F, Qian Y, et al, 2003. Development of Cu–Sn intermetallic compound at Pb-free Solder/Cu joint interface [J]. Materials Letters, 57(22-23): 3361-3365.

Makrygianni M, Kalpyris I, Boutopoulos C, et al, 2014. Laser induced forward transfer of Ag nanoparticles ink deposition and characterization[J]. Applied Surface Science, 297: 40-44.

Marauska S, Claus M, Lisec T, et al, 2013. Low temperature transient liquid phase bonding of Au/Sn and Cu/Sn electroplated material systems for MEMS wafer-level packaging[J]. Microsystem Technologies, 19(8): 1119-1130.

Matsuhisa N, Kaltenbrunner M, Yokota T, et al, 2015. Printable elastic conductors with a high conductivity for electronic textile applications[J]. Nature Communications, 6(1).

Morisada Y, Nagaoka T, Fukusumi M, et al, 2010. A low-temperature bonding process using mixed Cu–Ag nanoparticles[J]. Journal of Electronic Materials, 39(8): 1283-1288.

Murphy C J, Jana N R, 2002. Controlling the aspect ratio of inorganic nanorods and nanowires[J]. Advanced Materials, 14(1): 80-82.

Nagarajan R, Prasad K, Ebin L, et al, 2007. Development of dual-etch via tapering process for through-silicon interconnection[J]. Sensors and Actuators A: Physical, 139(1-2): 323-329.

Nguyen N T, Boellaard E, Pham N P, et al, 2002. Through-wafer copper electroplating for three-dimensional interconnects[J]. Journal of Micromechanics and Microengineering, 12(4): 395-399.

Niklaus F, Stemme G, Lu J Q, et al, 2006. Adhesive wafer bonding[J]. Journal of

Applied Physics, 99(3): 31101.

Niklaus F, Kumar R J, Mcmahon J J, et al, 2006. Adhesive wafer bonding using partially cured benzocyclobutene for three-dimensional integration[J]. Journal of the Electrochemical Society, 153(4): G291.

Noor E E M, Singh A, Chuan Y T, 2013. A review: Influence of nano particles reinforced on solder alloy[J]. Soldering & Surface Mount Technology, 25(4): 229-241.

Paniago R, Matzdorf R, Meister G, et al, 1995. Temperature dependence of shockley-type surface energy bands on Cu (111), Ag (111) and Au (111)[J]. Surface Science, 336(1): 113-122.

Park B K, Jeong S, Kim D, et al, 2007. Synthesis and size control of monodisperse copper nanoparticles by polyol method[J]. Journal of Colloid and Interface Science, 311(2): 417-424.

Park M, Baek S, Kim S, et al, 2015. Argon plasma treatment on Cu surface for Cu bonding in 3D integration and their characteristics[J]. Applied Surface Science, 324: 168-173.

Qiu L, Ikeda A, Asano T, 2013. Effect of coating self-assembled monolayer on room-temperature bonding of Cu micro-interconnects[J]. Japanese Journal of Applied Physics, 52(6): 68004.

Ramyadevi J, Jeyasubramanian K, Marikani A, et al, 2012. Synthesis and antimicrobial activity of copper nanoparticles[J]. Materials Letters, 71: 114-116.

Roesch W J, Jittinorasett S, 2004. Cycling copper flip chip interconnects[J]. Microelectronics Reliability, 44(7): 1047-1054.

Rostovshchikova T N, Smirnov V V, Kozhevin V M, et al, 2005. New size effect in the catalysis by interacting copper nanoparticles[J]. Applied Catalysis A: General, 296(1): 70-79.

Sarkar A, Mukherjee T, Kapoor S, 2008. PVP-stabilized copper nanoparticles: A reusable catalyst for "click" reaction between terminal alkynes and azides in nonaqueous solvents[J]. The Journal of Physical Chemistry C, 112(9): 3334-3340.

Schaefer M, Fournelle R A, Liang J, 1998. Theory for intermetallic phase growth between Cu and liquid Sn-Pb solder based on grain boundary diffusion control[J]. Journal of Electronic Materials, 27(11): 1167-1176.

Seo S K, Kang S K, Shih D Y, et al, 2009. The evolution of microstructure and microhardness of Sn–Ag and Sn–Cu solders during high temperature aging[J]. Microelectronics Reliability 49(3): 288-295.

Sethia S, Squillante E, 2004. Solid dispersion of carbamazepine in PVP K30 by conventional solvent evaporation and supercritical methods[J]. International Journal of Pharmaceutics, 272(1-2): 1-10.

Shan L, Kwark Y, Baks C, et al, 2015. Organic multi-chip module for high performance systems[C]//65th IEEE Electronic Components and Technology Conference (ECTC): 1725-1729.

Sharif A, Chan Y C, Islam R A, 2004. Effect of volume in interfacial reaction between eutectic Sn–Pb solder and Cu metallization in microelectronic packaging[J]. Materials Science and Engineering: B, 106(2): 120-125.

Shen J, Chen P, Su L, et al, 2016. X-ray inspection of TSV defects with self-organizing map network and Otsu algorithm[J]. Microelectronics Reliability, 67: 129-134.

Shigetou A, Itoh T, Sawada K, et al, 2008. Bumpless interconnect of 6-μm pitch Cu electrodes at room temperature[J]. IEEE Transactions on Advanced Packaging, 31(3): 473-478.

Shu Y, Hashemabad S G, Ando T, et al, 2016. Ultrasonic powder consolidation of Sn/In nanosolder particles and their application to low temperature Cu–Cu joining[J]. Materials & Design, 111: 631-639.

Shu Y, Rajathurai K, Gao F, et al, 2015. Synthesis and thermal properties of low melting temperature tin/indium(Sn/In) lead-free nanosolders and their melting behavior in a vapor flux[J]. Journal of Alloys and Compounds, 626: 391-400.

Song H G, Morris Jr J W, Mccormack M T, 2000. The microstructure of ultrafine eutectic Au-Sn solder joints on Cu[J]. Journal of Electronic Materials, 29(8): 1038-1046.

Sraj I, Vohra M, Alawieh L, et al, 2013. Self-propagating reactive fronts in compacts of multilayered particles[J]. Journal of Nanomaterials, 2013: 1-11.

Suganuma K, Baated A, Kim K, et al, 2011. Sn whisker growth during thermal cycling[J]. Acta Materialia, 59(19): 7255-7267.

Sun J, Simon S L, 2007. The melting behavior of aluminum nanoparticles[J]. Thermochimica Acta, 463(1-2): 32-40.

Swiston A J, Hufnagel T C, Weihs T P, 2003. Joining bulk metallic glass using reactive multilayer foils[J]. Scripta Materialia, 48(12): 1575-1580.

Taberna P L, Mitra S, Poizot P, et al, 2006. High rate capabilities Fe_3O_4-based Cu nano-architectured electrodes for lithium-ion battery applications[J]. Nature Materials, 5(7): 567-573.

Taibi R, Cioccio L D, Chappaz C, et al, 2010. Full characterization of Cu/Cu direct bonding for 3D integration[C]//Electronic Components and Technology Conference (ECTC): 219-225.

Tan C S, Lim D F, Singh S G, et al, 2009. Cu–Cu diffusion bonding enhancement at low temperature by surface passivation using self-assembled monolayer of alkane-thiol[J]. Applied Physics Letters, 95(19): 192108.

Tang Y, Derakhshandeh J, Kho Y, et al, 2017. Investigation of Co thin film as buffer layer applied to Cu/Sn eutectic bonding and UBM with Sn, SnCu, and SAC solders joints[J]. IEEE Transactions on Components, Packaging and Manufacturing Technology, 7(11): 1899-1905.

Tang Y, Chen H, Kho Y, et al, 2018. Investigation and optimization of ultra-thin buffer layers used in Cu/Sn eutectic bonding[J]. IEEE Transactions on Components, Packaging and Manufacturing Technology, 8(7): 1225-1230.

Tanto B, Ten Eyck G, Lu T M, 2010. A model for column angle evolution during oblique angle deposition[J]. Journal of Applied Physics, 108(2): 26107.

Theodossiadis G D, Zaeh M F, 2017. Study of the heat affected zone within metals joined by using reactive multilayered aluminum–nickel nanofoils[J]. Production Engineering, 11(4-5): 401-408.

Thongmee S, Pang H L, Ding J, et al, 2008. Fabrication and magnetic properties of metal nanowires via AAO templates[C]//2nd IEEE International Nanoelectronics Conference: 1116-1120.

Tian J, Bartek M, 2008. Simultaneous through-silicon via and large cavity formation using deep reactive ion etching and aluminum etch-stop layer[C]//58th Electronic Components and Technology Conference: 1787-1792.

Tian Y, Jiang Z, Wang C, et al, 2016. Sintering mechanism of the Cu–Ag core-shell nanoparticle paste at low temperature in ambient air[J]. RSC Advances, 6(94): 91783-91790.

Timme H, Pressel K, Beer G, et al, 2013. Interconnect technologies for system-in-package integration[C]//15th IEEE Electronics Packaging Technology Conference: 641-646.

Tu K N, Hsiao H, Chen C, 2013. Transition from flip chip solder joint to 3D IC microbump: Its effect on microstructure anisotropy[J]. Microelectronics Reliability, 53(1): 2-6.

Tuah-Poku I, Dollar M, Massalski T B, 1988. A study of the transient liquid phase bonding process applied to a Ag/Cu/Ag sandwich joint[J]. Metallurgical Transactions A, 19(3): 675-686.

Tung H, Song J, Dong T, et al, 2008. Synthesis of surfactant-free aligned single crystal copper nanowires by thermal-assisted photoreduction[J]. Crystal Growth & Design, 8(9): 3415-3419.

Vianco P T, Hlava P F, Kilgo A C, 1994. Intermetallic compound layer formation between copper and hot-dipped 100In, 50In-50Sn, 100Sn, and 63Sn-37Pb coatings[J]. Journal of Electronic Materials, 23(7): 583-594.

Vitos L, Ruban A V, Skriver H L, et al, 1998. The surface energy of metals[J]. Surface Science, 411(1): 186-202.

Wang B, Zhu W, Xia W, et al, 2013. Simulation of temperature fields for Cu/Cu joining process by self-propagating reaction[C]//14th International Conference on Electronic Packaging Technology: 443-447.

Wang J, Wang Q, Wang D, et al, 2016. Study on Ar(5%H$_2$) plasma pretreatment for Cu/Sn/Cu solid-state-diffusion bonding in 3D interconnection[C]//66th IEEE Electronic Components and Technology Conference (ECTC): 1765-1771.

Wang J, Besnoin E, Knio O M, et al, 2004. Investigating the effect of applied pressure on reactive multilayer foil joining[J]. Acta Materialia, 52(18): 5265-5274.

Wang P, Lee S H, Parker T C, et al, 2009. Low temperature wafer bonding by copper nanorod array[J]. Electrochemical and Solid-state Letters, 12(4): H138.

Wang S, Liu N, Tao J, et al, 2015. Inkjet printing of conductive patterns and supercapacitors using a multi-walled carbon nanotube/Ag nanoparticle based ink[J]. Journal of Materials Chemistry A, 3(5): 2407-2413.

Wen J, Li J, Liu S, et al, 2011. Preparation of copper nanoparticles in a water/oleic acid mixed solvent via two-step reduction method[J]. Colloids and Surfaces A: Physicochemical and Engineering Aspects, 373(1-3): 29-35.

Wen P, Gong P, Mi Y, et al, 2014. Scalable fabrication of high quality graphene by exfoliation of edge sulfonated graphite for supercapacitor application[J]. RSC Advances, 4(68): 35914.

Worwag W, Dory T, 2007. Copper via plating in three dimensional interconnects[C]//57th Electronic Components and Technology Conference: 842-846.

Wu S, Chen D, 2004. Synthesis of high-concentration Cu nanoparticles in aqueous CTAB solutions[J]. Journal of Colloid and Interface Science, 273(1): 165-169.

Xiong J, Wang Y, Xue Q, et al, 2011. Synthesis of highly stable dispersions of nanosized copper particles using L-ascorbic acid[J]. Green Chemistry, 13(4): 900.

Yacobi B G, Martin S, Davis K, et al, 2002. Adhesive bonding in microelectronics and photonics[J]. Journal of Applied Physics, 91(10): 6227.

Yamada Y, Takaku Y, Yagi Y, et al, 2007. Reliability of wire-bonding and solder joint for high temperature operation of power semiconductor device[J]. Microelectronics Reliability, 47(12): 2147-2151.

Yan J, Zou G, Liu L, et al, 2015. Sintering mechanisms and mechanical properties of joints bonded using silver nanoparticles for electronic packaging applications[J]. Welding in the World, 59(3): 427-432.

Yang C C, Mai Y, 2014. Thermodynamics at the nanoscale: A new approach to the investigation of unique physicochemical properties of nanomaterials[J]. Materials Science and Engineering R Reports, 79: 1-40.

Yang Y, Kuo W, Fan K, 2006. Single-run single-mask inductively-coupled-plasma reactive-ion-etching process for fabricating suspended high-aspect-ratio microstructures[J]. Japanese Journal of Applied Physics, 45(1A): 305-310.

Zackrisson M, Fransson K, Hildenbrand J, et al, 2016. Life cycle assessment of lithium-air battery cells[J]. Journal of Cleaner Production, 135: 299-311.

Zain N M, Stapley A G F, Shama G, 2014. Green synthesis of silver and copper nanoparticles using ascorbic acid and chitosan for antimicrobial applications[J]. Carbohydrate Polymers, 112: 195-202.

Zeng K, Tu K N, 2002. Six cases of reliability study of pb-free solder joints in electronic packaging technology[J]. Materials Science & Engineering R, 38(2): 55-105.

Zhang H, Siegert U, Liu R, et al, 2009. Facile fabrication of ultrafine copper nanoparticles in organic solvent[J]. Nanoscale Research Letters, 4(7): 705-708.

Zhang X X, Raskin J P, 2005. Low-temperature wafer bonding: A study of void formation and influence on bonding strength[J]. Journal of Microelectromechanical Systems, 14(2): 368-382.

Zhang Y, Ding G, Wang H, et al, 2015. Optimization of innovative approaches to the shortening of filling times in 3D integrated through-silicon vias (TSVs)[J]. Journal of Micromechanics and Microengineering, 25(4): 45009.

Zhang Y, Zhu P, Li G, et al, 2013. Facile preparation of monodisperse, impurity-free, and antioxidation copper nanoparticles on a large scale for application in conductive ink[J]. ACS Applied Materials & Interfaces, 6(1): 560-567.

Zhong C H, Yi S, 1999. Solder joint reliability of plastic ball grid array packages[J]. Soldering & Surface Mount Technology, 11(1): 44-48.

Zhou L, Wang S, Ma H, et al, 2015. Size-controlled synthesis of copper nanoparticles in supercritical water[J]. Chemical Engineering Research and Design, 98: 36-43.

Zhu H, Zhang C, Yin Y, 2004. Rapid synthesis of copper nanoparticles by sodium hypophosphite reduction in ethylene glycol under microwave irradiation[J]. Journal of Crystal Growth, 270(3-4): 722-728.

Zhu W B, Wu F, Wang B, et al, 2014. Microstructural and mechanical integrity of Cu/Cu interconnects formed by self-propagating exothermic reaction methods[J]. Microelectronic Engineering, 128(20):24-30.

Zou J, Mo L, Wu F, et al, 2010. Effect of Cu substrate and solder alloy on the formation of kirkendall voids in the solder joints during thermal aging[C]// 11th International Conference on Electronic Packaging Technology & High Density Packaging: 944-948.

索　引

郑重声明

高等教育出版社依法对本书享有专有出版权。任何未经许可的复制、销售行为均违反《中华人民共和国著作权法》，其行为人将承担相应的民事责任和行政责任；构成犯罪的，将被依法追究刑事责任。为了维护市场秩序，保护读者的合法权益，避免读者误用盗版书造成不良后果，我社将配合行政执法部门和司法机关对违法犯罪的单位和个人进行严厉打击。社会各界人士如发现上述侵权行为，希望及时举报，本社将奖励举报有功人员。

反盗版举报电话	（010）58581999　58582371　58582488
反盗版举报传真	（010）82086060
反盗版举报邮箱	dd@hep.com.cn
通信地址	北京市西城区德外大街 4 号 高等教育出版社法律事务与版权管理部
邮政编码	100120